K R Yellu Kumar
Adnan Qayoum

Estudo do arrefecimento por efusão na câmara de combustão de uma turbina a gás

K R Yellu Kumar
Adnan Qayoum

Estudo do arrefecimento por efusão na câmara de combustão de uma turbina a gás

Reforço da eficácia adiabática

ScienciaScripts

Imprint
Any brand names and product names mentioned in this book are subject to trademark, brand or patent protection and are trademarks or registered trademarks of their respective holders. The use of brand names, product names, common names, trade names, product descriptions etc. even without a particular marking in this work is in no way to be construed to mean that such names may be regarded as unrestricted in respect of trademark and brand protection legislation and could thus be used by anyone.

Cover image: www.ingimage.com

This book is a translation from the original published under ISBN 978-620-7-80554-9.

Publisher:
Sciencia Scripts
is a trademark of
Dodo Books Indian Ocean Ltd. and OmniScriptum S.R.L publishing group

120 High Road, East Finchley, London, N2 9ED, United Kingdom
Str. Armeneasca 28/1, office 1, Chisinau MD-2012, Republic of Moldova, Europe
Printed at: see last page
ISBN: 978-620-7-85198-0

Abstrato

Nas turbinas a gás e nos motores aeronáuticos, foram feitas tentativas durante muitas décadas para alcançar a eficiência térmica e a produção de energia ideais. Para melhorar a eficiência geral, as turbinas a gás são operadas em altas temperaturas na faixa de 1200 °C a 1500 °C. Entretanto, operar em temperaturas tão elevadas vai além dos limites metalúrgicos dos metais convencionais usados nesses motores. Consequentemente, mecanismos de resfriamento devem ser empregados para evitar fissuras térmicas locais e redução de falhas. Várias estratégias de resfriamento são aplicadas para reduzir as temperaturas superficiais dos componentes quentes dentro da turbina a gás. O resfriamento por efusão é considerado o conceito de resfriamento mais avançado. O resfriamento por efusão garante o resfriamento suficiente das paredes do revestimento da câmara de combustão, levando à economia de custos na fabricação e mantendo a integridade estrutural dos componentes. No entanto, a eficácia adiabática média da área geral para as primeiras filas de furos é significativamente menor em esquemas padrão de resfriamento por efusão. Para melhorar a eficácia do desempenho de resfriamento nas primeiras filas de furos é necessário modificar o padrão de fluxo sobre a superfície.

Neste estudo foi realizada uma investigação experimental e numérica para avaliar o desempenho do resfriamento por efusão nas camisas da câmara de combustão de um motor de turbina a gás. O presente estudo relata o comportamento do fluxo de fluido para resfriamento de revestimentos de câmaras de combustão utilizando rampa a montante e diferentes configurações de furos. As investigações computacionais são realizadas usando o COMSOL Multiphysics 5.5a com o modelo de turbulência k-ε padrão. Inicialmente foi realizada investigação computacional para estudar o efeito da rampa a montante. Para melhorar a eficácia adiabática do desempenho do resfriamento por efusão para a primeira fila de furos, uma rampa a montante é posicionada à frente da fila inicial de furos de efusão. O desenho da rampa a montante foi modificado para examinar o seu impacto na eficácia adiabática em relação ao modelo de referência. Um total de 20 fileiras de orifícios de efusão em uma placa plana são investigados, considerando proporções de sopro de 0,25, 0,5, 1,0, 3,2 e 5,0 para cada conjunto de ângulos de injeção, que são 30° e 60°. , são usados três ângulos de rampa diferentes 14°, 24° e 34°.

A investigação da rampa a montante destaca a importância do aprimoramento do desempenho de refrigeração para as primeiras filas de furos. A eficácia adiabática aumenta com o aumento das taxas de sopro em todos os ângulos de rampa. Observou-se que a colocação de uma rampa a montante tem um impacto apreciável na região inicial (primeiras filas de furos, X/ Sx <5) em comparação com a região a jusante (X/ Sx >5). Ao colocar uma rampa a montante, as baixas taxas de sopro podem aumentar significativamente a eficácia adiabática em 29%, 31% e 35% para ângulos de rampa de 14°, 24° e 34°, respectivamente. Para taxas de sopro elevadas, um aumento nos ângulos da rampa apresenta menor impacto na eficácia adiabática em toda a superfície de efusão.

A experimentação foi realizada em uma bancada de teste customizada para medir a eficácia adiabática em uma placa plana, que é semelhante aos revestimentos do combustor do motor de turbina a gás com diferentes taxas de sopro, variando os ângulos de rampa. O ar em condições ambientais é empregado como fluido de trabalho na bancada de teste experimental. O foco principal da experimentação no presente trabalho é examinar e compreender a influência das taxas de sopro e da introdução de uma rampa a montante posicionada em frente à primeira fileira de orifícios de efusão. Uma avaliação abrangente foi realizada comparando as previsões numéricas de eficácia adiabática com os resultados experimentais. Os resultados computacionais para a eficácia adiabática foram submetidos a uma comparação abrangente com dados de diversas fontes da literatura aberta.

Além disso, investigações computacionais foram realizadas para diferentes geometrias de furos. A eficácia adiabática da linha central é medida e comparada para três tipos diferentes de furos moldados (furo cilíndrico, furo cônico e furo em forma de leque) para taxas de sopro de 0,25, 1,0 e 3,2 em ângulos de injeção de 30 ° sobre uma superfície plana. Em comparação com os furos cilíndricos, os furos em formato cônico e em leque proporcionam maior eficácia adiabática na placa de efusão. A eficácia adiabática global aumenta à medida que a taxa de sopro aumenta de 0,25 para 3,2. Em taxas de sopro baixas, os furos em formato cônico são preferíveis aos furos cilíndricos e em leque. A formação de anti-CRVP na saída da geometria do furo proporciona maior distribuição lateral do líquido refrigerante na superfície. Em altas taxas de sopro, os furos em forma de leque são preferíveis aos outros furos em formato. Devido ao formato difuso na saída da geometria do furo, a velocidade do jato de refrigerante é reduzida, o que por sua vez diminui a mistura entre o jato de refrigerante e a corrente principal. Isto faz com que o líquido refrigerante permaneça próximo à superfície e aumenta a dispersão lateral do líquido refrigerante.

No geral, o presente estudo demonstra claramente a eficácia do resfriamento por efusão para o resfriamento de revestimentos de combustão de turbinas a gás.

Reconhecimentos

Em primeiro lugar, gostaria de louvar e agradecer ao Todo-Poderoso, cuja graça me guiou desde o início até a conclusão deste trabalho de pesquisa. A cada momento ao longo deste trabalho, experimentei a Graça do Todo-Poderoso, que continuamente aprimorou minha capacidade de compreensão mesmo nos momentos de desespero, me inspirou a seguir em frente, abriu diante de mim caminhos inesperados e iluminou meus pensamentos com Sua sabedoria.

Gostaria de expressar minha sincera gratidão aos meus orientadores **Prof. Adnan Qayoum** , *(Professor , Departamento de Engenharia Mecânica, NIT Srinagar)* , **Shahid Saleem**, *(Professor Associado, Departamento de* Engenharia Mecânica, NIT *Srinagar) e* **Dr.** *(Professor Associado, Departamento de Engenharia Química, NIT Srinagar)* pelo apoio e incentivo durante este trabalho de pesquisa. Sem a sua assistência e envolvimento dedicado em todas as etapas do processo, este trabalho de investigação nunca teria sido realizado. **O Dr. Qayoum** dedicou generosamente seu tempo para me oferecer comentários valiosos para melhorar meu trabalho.

Estou muito grato aos membros da equipe do **Laboratório de Transferência de Calor, NIT Srinagar,** por fornecerem suporte para fabricar o equipamento de teste experimental.

Aproveitaria esta oportunidade para mostrar a minha gratidão à minha **Mãe KR Siddamma** por seu incentivo, bênçãos, apoio e bons votos. Sem o apoio dela este dia não teria sido possível. Ela desempenhou um papel especial da maneira mais exemplar. Sou muito grata por ter sido criada por uma mulher iluminada que me capacitou.

Agradeço à minha esposa, **KR Sarada,** que foi uma fonte constante de apoio e incentivo ao longo da dissertação. Sou grato à minha esposa não apenas porque ela desistiu de muitas coisas para tornar minha carreira uma prioridade em nossas vidas, mas porque ela me acompanhou durante os altos e baixos de todo o doutorado. processo. Dando um agradecimento especial aos meus queridos filhos **KR Soumith Kumar, KR Sohith Kumar** e **KR Sevith Kumar.**

Gostaria também de agradecer o apoio e a motivação fornecidos pelos meus colegas, especialmente Bisma Ali, K Sumanth, Md Dilawar Amir Yousaf, Amir Bhatt, Gowhar , Abrar Shafi e Ilyas.

Por último, expresso os meus sinceros agradecimentos àqueles que talvez não tenha mencionado o nome, que ajudaram direta ou indiretamente e cooperaram comigo na conclusão deste doutoramento. trabalho de pesquisa.

KR Yellu Kumar
Departamento de Engenharia Mecânica
NIT, Srinagar

Esta Tese é dedicada aos meus amados Pais

Falecido KR Kadiranna *Retd* SI da Polícia e **KR Siddamma**

Por seu infinito amor, apoio e incentivo

Índice

Abreviações

d	[m]	Diameter of effusion hole
t	[m]	Thickness of effusion plate
S_x	[-]	Streamwise distance between two adjacent holes in x-direction
S_y	[-]	Spanwise distance between two adjacent holes in y-direction
T	[K]	Temperature
U	[m/s]	Flow velocity
X	[m]	Streamwise coordinate
Y	[m]	spanwise coordinate
Z	[m]	Normal coordinate
BR	[-]	Blowing ratio
DR	[-]	Density ratio
VR	[-]	Velocity Ratio
I	[-]	Momentum Flux ratio
CRV	[-]	Counter rotating vortices
L/d	[-]	Length to diameter ratio
Re	[-]	Reynolds number
CFD		Computational Fluid Dynamics
CRVP		Counter rotating vortex Pair
RANS		Reynolds Averaged Navier Stoke
K	W/m^2K	Thermal Conductivity

TC$_s$		Thermocouples on the surface
TC$_m$		Thermocouples on the mainstream
y+		Distance of nearest node from the wall

Greek letters

α	[°]	Injection angle
α_1	[°]	Ramp angle
ρ	[kg/m^3]	Density
η	[-]	Adiabatic effectiveness
$\bar{\eta}$	[-]	Area-averaged adiabatic effectiveness

Subscripts

wt		Wall temperature on adiabatic surface of effusion plate
c		Coolant flow
∞		Mainstream flow

Capítulo 1

INTRODUÇÃO

1.1 O motor de turbina a gás

Motores de turbina a gás (GTE) são motores térmicos que transformam a energia do combustível em trabalho útil, empregando gás quente comprimido como meio operacional [1]. Esses motores encontram amplas aplicações em geração de eletricidade e sistemas de propulsão. A energia extraída das turbinas a gás pode ser utilizada como empuxo, potência do eixo, ar comprimido ou uma mistura desses resultados. Para turbinas a gás industriais (IGT), a energia mecânica é normalmente transmitida como torque através do eixo rotativo. Por outro lado, para uma turbina aerogás (AGT), a energia mecânica é entregue principalmente na forma de impulso como potência de jato. Um diagrama que ilustra o layout e os componentes de um motor de turbina a gás é mostrado na Figura 1.1.

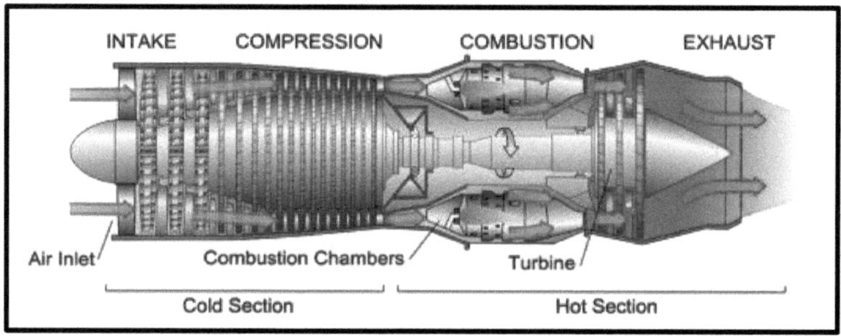

Figura 1.1 Esquema mostrando os detalhes de um motor de turbina a gás [1]

Num moderno motor de turbina a gás, os componentes essenciais consistem num compressor, uma câmara de combustão e uma turbina. Dentro do compressor, o ar ambiente é aspirado e posteriormente comprimido. Uma vez comprimido, o ar é misturado ao combustível e introduzido nas câmaras de combustão para fins de combustão. Como resultado da combustão, a temperatura e o volume por unidade de massa da mistura ar-combustível aumentam significativamente. Posteriormente, o fluido de alta energia é direcionado para a seção da turbina, onde sofre expansão realizando trabalho nas pás da turbina e resultando em uma saída positiva de transferência de trabalho.

As turbinas a gás modernas são operadas continuamente por longas horas de operação. Para atingir uma alta eficiência térmica em turbinas a gás ou motores aeronáuticos, é essencial manter as temperaturas de entrada da turbina na faixa de 1200°C a 1500°C [2-5]. No entanto, estas temperaturas excedem os limites metalúrgicos dos metais utilizados nos componentes do motor. Assim, cargas térmicas excessivas são impostas em várias seções das turbinas a gás, como camisas de combustão, pás da turbina e palhetas guia do bocal. Como resultado, é fundamental desenvolver não apenas os materiais utilizados na fabricação das camisas de combustão e das paredes das pás das turbinas, mas também aumentar a eficácia e eficiência do resfriamento, processo conhecido como gerenciamento térmico. Portanto, diferentes soluções de resfriamento estão sendo empregadas para prolongar ao máximo a vida útil desses componentes. É possível que o resfriamento insuficiente leve a fissuras térmicas locais e reduza a resistência do material [6]. Para aumentar a vida útil dos componentes quentes e proteger as superfícies sólidas de altas temperaturas, um fluxo secundário (ar de resfriamento) é introduzido através de pequenos orifícios nas camisas . Isto gera uma camada protetora ou película de ar frio, que ajuda a proteger o revestimento do calor gerado durante a combustão. Este filme serve como uma camada de proteção entre gases de alta temperatura e parede sólida [7].

1.2 Combustores de turbina a gás

Os combustores de turbinas a gás são câmaras cuidadosamente projetadas onde o ar comprimido é misturado ao combustível para produzir uma chama estável. Com as temperaturas continuamente altas necessárias para a eficiência termodinâmica da combustão, é importante fornecer resfriamento adequado às paredes do combustor. Portanto, as camisas de combustão são colocadas entre o revestimento externo do combustor e as zonas de combustão. As camisas de combustão servem como uma barreira entre os gases quentes da câmara de combustão e as câmaras de combustão fora do invólucro. A Figura 1.2 ilustra um diagrama simplificado que mostra o fluxo de ar dentro de um combustor. A câmara de combustão possui paredes metálicas cobertas por fendas e orifícios circulares. Os orifícios na câmara de combustão permitem o ar secundário necessário tanto para o processo de combustão quanto para o resfriamento das camisas. Apenas 15-20% do ar comprimido é introduzido na zona primária, onde a combustão ocorre com o jato de combustível, levando a um aumento substancial de temperatura e pressão.

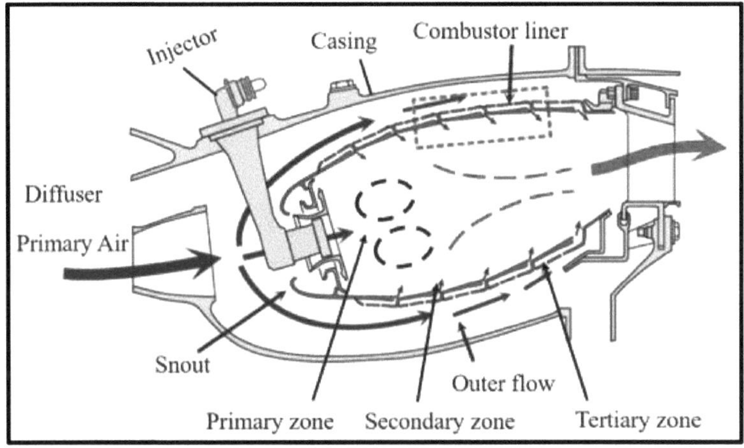

Figura 1.2 Diagrama esquemático do fluxo de ar no combustor de um motor de turbina a gás [8].

Na zona secundária, o ar é introduzido através de orifícios para completar o processo de combustão e refrigeração [8]. O ar restante flui para a zona terciária para resfriar as camisas e manter a temperatura de saída desejada para as pás da turbina. Existem vários métodos para fornecer este ar de resfriamento ao revestimento, e o método pode ter um impacto no perfil de temperatura do revestimento. Na verdade, a canalização cuidadosa do ar de resfriamento é crucial para evitar qualquer interrupção no ar de combustão ou no processo de combustão.

1.3 Tipos de Técnicas de Resfriamento

Existem vários métodos para resfriar os revestimentos da câmara de combustão da turbina a gás e as paredes das pás da turbina mostradas na Figura 1.3 (ac). Estes são resfriamento por convecção forçada, resfriamento por filme, resfriamento por transpiração, resfriamento por efusão e resfriamento por impacto.

1.3.1 Resfriamento por Convecção Forçada

Até o final da década de 1960, os sistemas de resfriamento convectivo estavam entre as tecnologias de resfriamento mais amplamente utilizadas em turbinas a gás [9]. Os motores modernos de turbina a gás requerem resfriamento convectivo, que ainda é amplamente utilizado. Para o resfriamento convectivo, o ar comprimido é extraído e direcionado para as cavidades dentro das lâminas ou palhetas para facilitar o resfriamento. Na Figura 1.3 (a), é representada uma técnica de resfriamento por convecção forçada, onde uma corrente de refrigerante flui entre as superfícies da parede. Este design permite o resfriamento por convecção forçada. Tal método foi utilizado no passado para resfriar as paredes das pás da turbina. Em tecnologias avançadas de resfriamento, o fluxo do líquido refrigerante dentro das camisas de combustão e das pás da turbina é facilitado pela incorporação de furos ou ranhuras para passagem interna.

1.3.2 Resfriamento de Filme

O método mais avançado é o resfriamento por filme, no qual o refrigerante passa através das fendas ou orifícios sobre a superfície quente, formando uma camada de 'filme' de refrigerante que atua como uma barreira térmica entre o gás quente e a superfície [10] como mostrado na Figura 1.3 (b). O comportamento imprevisível de slots individuais (levando à não formação de filme) e a não uniformidade reduzem a eficácia.

1.3.3 Resfriamento por Transpiração

O resfriamento por transpiração é empregado com o uso de material poroso. O refrigerante passa através dessas paredes porosas formando uma camada protetora entre o fluxo de gás quente e a parede, como visto na Figura 1.3 (c). Dois efeitos de troca de calor estão associados a esta técnica de resfriamento: o resfriamento convectivo através da parede pelo refrigerante na câmara plenum e o outro é pelo filme que atua como barreira térmica entre o fluxo de gás quente e a parede [11]. Mas o resfriamento pela transpiração sofre de duas sérias desvantagens. Os materiais porosos não têm resistência para suportar as tensões mecânicas e térmicas exigidas. O pequeno tamanho dos poros leva ao entupimento e causa superaquecimento.

1.3.4 Resfriamento por Efusão

O resfriamento por efusão é uma técnica de resfriamento eficiente que envolve a injeção de ar frio (ar secundário) na camada limite através de um grande número de orifícios discretos de pequeno diâmetro. Esses furos são padrões alinhados ou escalonados, espaçados. O refrigerante ejetado através desses furos forma uma camada protetora de refrigerante na superfície interna, conforme mostrado na Figura 1.4 (a) [12-15]. O filme formado por este método de resfriamento fornece cobertura total de resfriamento em toda a superfície, também denominado resfriamento de filme de cobertura total (FCFC). Os orifícios de injeção devem ser grandes o suficiente para evitar os bloqueios causados pelas impurezas do ar e pequenos o suficiente para reduzir a penetração do jato de refrigerante sem interferir no gás de combustão, diminuindo o impulso no fluxo principal.

1.3.5 Resfriamento por Impacto

O resfriamento por impacto é outro método de resfriamento no qual a transferência de calor ocorre soprando a molécula do fluido com alta velocidade na superfície [16]. O resfriamento por impacto é bem conhecido como jato de alta velocidade. Fluindo dos furos, o ar refrigerante colide com a superfície que deve ser resfriada, conforme mostrado na Figura 1.4 (b) . À medida que as moléculas do fluido colidem com maior velocidade na superfície, ocorre uma melhor taxa de transferência de calor entre a parede e o fluido. Transferência de calor convectiva

é empregado para reduzir a temperatura da superfície alvo, conforme representado na Figura 1.4 (b)

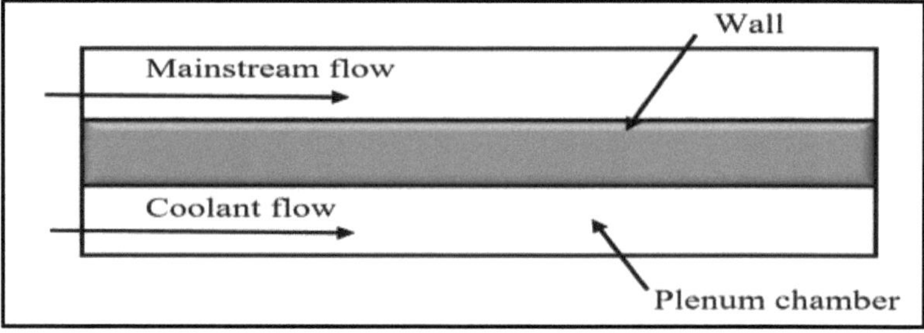

(a) Resfriamento por convecção forçada

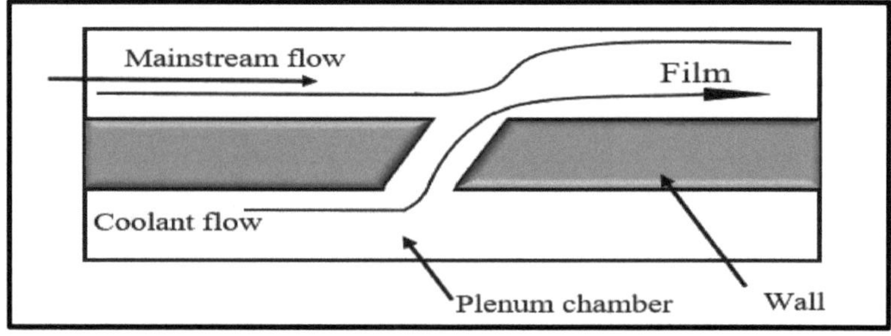

(b) Resfriamento de Filme

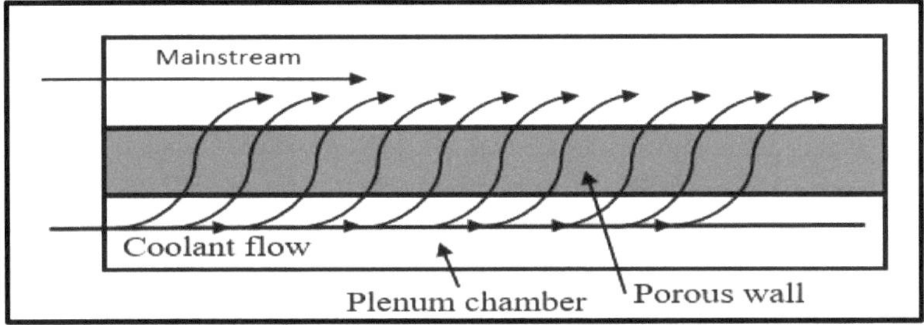

(c) Resfriamento por transpiração

Figura 1.3 Tipos de técnicas de resfriamento de turbinas a gás (CA)

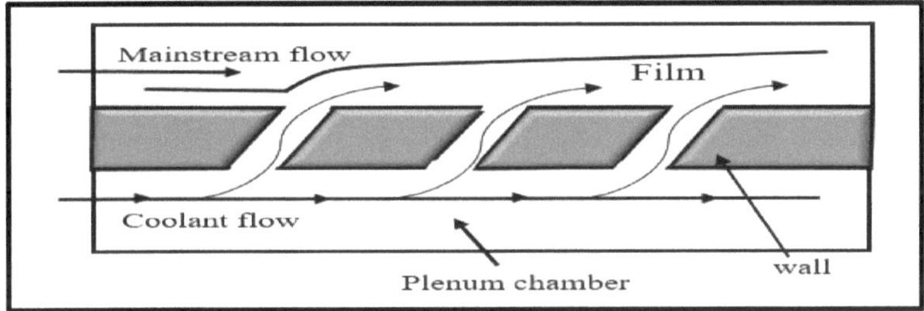

(a) Resfriamento por Efusão

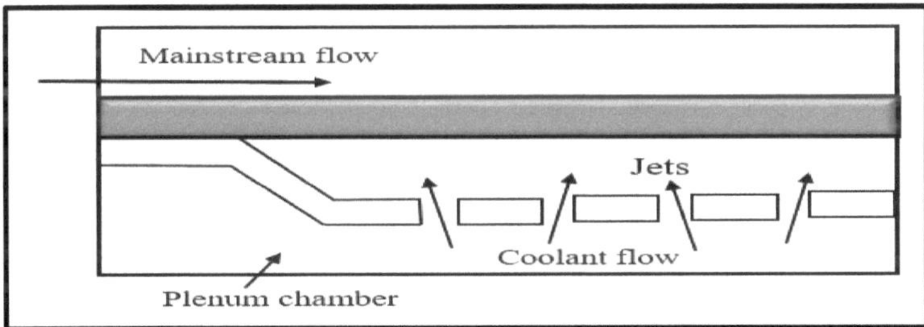

(b) Resfriamento de impacto

Figura 1.4 Tipos de técnicas de resfriamento de turbinas a gás (ab)

1.4 Lacuna de Pesquisa

Turbinas a gás são empregadas para aplicações de propulsão e geração de energia elétrica. Para otimizar a eficiência geral de uma turbina a gás, é crucial operar em temperaturas de entrada e taxas de pressão significativamente altas. Essas temperaturas normalmente variam de 1.200°C a 1.500°C, ultrapassando os limites sustentáveis de qualquer material por longos períodos. Portanto, existe uma necessidade crítica de melhorar tanto os materiais empregados na fabricação de turbinas quanto a eficácia e eficiência de resfriamento dos revestimentos da câmara de combustão e das pás da turbina. Este processo é comumente conhecido como gerenciamento térmico.

Para evitar o superaquecimento e garantir a longevidade dos componentes da turbina, como revestimentos da câmara de combustão e paredes das pás da turbina, são necessárias técnicas avançadas de resfriamento.

Várias estratégias de resfriamento para revestimentos de câmaras de combustão têm sido extensivamente discutidas na literatura. No entanto, a ocorrência de falhas relacionadas com convulsões nestes revestimentos continua a ser uma preocupação significativa para os investigadores. A pesquisa proposta sobre o esquema de resfriamento por efusão oferece ideias inovadoras para aumentar a eficácia do resfriamento especificamente para camisas de combustão.

O resfriamento por efusão é um método altamente eficaz para reduzir a temperatura da parede em revestimentos de câmaras de combustão e pás de turbinas a gás. Envolve a injeção de refrigerante através de um conjunto de orifícios de pequeno diâmetro espaçados, resultando em um fluido secundário de fluxo cruzado. Estudos anteriores indicaram que a eficácia adiabática normalmente aumenta da primeira fileira de orifícios de efusão até a última fileira em sistemas de resfriamento por efusão. No entanto, a eficácia adiabática média da área geral para as primeiras filas de furos é notavelmente menor nas configurações padrão de resfriamento por efusão. Esta limitação leva a falhas na primeira metade dos revestimentos do combustor devido ao desempenho insuficiente de refrigeração. Para resolver esses problemas, estão sendo exploradas modificações na estrutura do fluxo de fluido e nos parâmetros geométricos do método de resfriamento por efusão para melhorar a eficiência adiabática. Uma abordagem envolve colocar uma rampa a montante logo antes do

primeiras fileiras de buracos de efusão. A presença da rampa modifica a interação entre a camada limite de entrada e os jatos de refrigeração, resultando em melhor desempenho da eficácia adiabática média lateralmente para as primeiras filas de furos.

O impacto de uma rampa a montante com diferentes ângulos de rampa está sendo investigado, juntamente com variações nas taxas de sopro e nos ângulos de injeção, para aumentar a eficácia adiabática. Além disso, dois formatos diferentes de furos, cônico e em leque, estão sendo utilizados para melhorar o desempenho do resfriamento por efusão. Perfis de temperatura e velocidade normais à parede estão sendo estudados para obter informações sobre a estrutura do fluxo sobre a superfície.

1.5 Objetivos da Pesquisa

As temperaturas operacionais extremamente altas em turbinas a gás muitas vezes levam à falha prematura dos componentes durante o serviço. Na literatura revisada sobre a técnica de resfriamento por efusão, foram encontrados resultados positivos em termos de melhoria da eficácia adiabática. No entanto, atualmente não há literatura disponível sobre o aumento da eficácia adiabática especificamente para as primeiras filas de furos na técnica de resfriamento por efusão. Esta lacuna na pesquisa indica a necessidade de mais investigações para melhorar a eficácia adiabática média da área geral e o desempenho do resfriamento por efusão.

Além disso, nenhuma pesquisa anterior se concentrou na implementação de uma rampa a montante no contexto do sistema de resfriamento por efusão para melhorar o desempenho geral de resfriamento dos revestimentos dos combustores de turbinas a gás. A lacuna de investigação realça a ausência de investigação sobre os efeitos e benefícios potenciais da incorporação de uma rampa a montante no esquema de arrefecimento por efusão. Além disso, o novo furo de formato cônico é introduzido para aumentar a eficácia adiabática.

Considerando as lacunas acima mencionadas na investigação existente, o presente estudo pretende atingir os seguintes objetivos:

> Os principais objetivos deste estudo são explorar, desenvolver e avaliar uma técnica de resfriamento por efusão visando melhorar o desempenho de resfriamento da câmara de combustão em um sistema de turbina a gás. Isto será conseguido minimizando a saída dos jatos de refrigerante.

> Para examinar o impacto das taxas de sopro na eficácia adiabática de uma placa de teste de efusão, foram consideradas três taxas de sopro distintas para analisar de forma abrangente os efeitos de cada uma. Essas taxas de sopro incluem valores baixos, intermediários e altos, fornecendo informações valiosas sobre as variações e influências de diferentes taxas de sopro na eficácia adiabática.

> Explorar a importância dos ângulos de injeção no desempenho do resfriamento por efusão. O estudo tem como objetivo examinar como diferentes ângulos de

injeção afetam a eficácia e eficiência adiabática do sistema de resfriamento por efusão.

➢ Investigar o impacto de uma rampa a montante, posicionada à frente da primeira fileira de furos, no sistema de resfriamento por efusão. Além disso, a pesquisa visa analisar a eficácia adiabática do processo de resfriamento em diferentes taxas de sopro. Ao investigar os efeitos da rampa a montante e das diferentes taxas de sopro, a pesquisa visa compreender como esses fatores afetam a eficácia e eficiência adiabática do sistema de resfriamento por efusão.

➢ Examinar o efeito dos furos moldados na eficácia do resfriamento por efusão adiabática. O estudo emprega duas geometrias de furo diferentes, nomeadamente furos cônicos e em forma de leque, e compara seu desempenho com os furos cilíndricos. A pesquisa pretende compreender a influência do formato do furo na eficácia adiabática do sistema de resfriamento por efusão, examinando e comparando a eficácia adiabática dessas diferentes geometrias de furo.

➢ Analisar o padrão de fluxo sobre a superfície de efusão permitindo prever a eficácia do resfriamento considerando a distribuição aerodinâmica-temperatura e o perfil de velocidade.

➢ Os resultados experimentais e de simulação são comparados para validar sua precisão

1.6 Estrutura da Tese

A tese está organizada da seguinte forma:

Capítulo 1:

O capítulo fornece uma visão geral da introdução ao revestimento da câmara de combustão de turbinas a gás, abrangendo vários sistemas de resfriamento atualmente empregados e explora as limitações dos métodos de resfriamento atualmente empregados. O objetivo da investigação é explicado neste capítulo. Esta seção fornece uma visão geral dos objetivos do estudo atual e apresenta um resumo conciso da tese geral. Finalmente, organização de tese é apresentado.

Capítulo 2:

Este capítulo apresenta uma revisão abrangente da literatura na área de investigação, com foco no sistema de resfriamento por efusão de revestimentos de combustão de turbinas a gás. Ele fornece um histórico detalhado dos sistemas de resfriamento por efusão, incluindo suas limitações e a lógica por trás do método atual de resfriamento.

Capítulo 3:

Este capítulo fornece uma descrição detalhada do procedimento computacional, software e modelo de turbulência utilizados para a simulação. Apresenta também as equações governantes, condições de contorno, análise de independência da grade e geometria dos modelos.

Capítulo 4:

Este capítulo apresenta os resultados computacionais do sistema de resfriamento por efusão com a inclusão de uma rampa a montante colocada em frente à primeira fileira de orifícios de efusão. Vários conjuntos de dados, incluindo diferentes taxas de sopro, ângulos de rampa e ângulos de injeção são empregados para investigar o desempenho do resfriamento por efusão e aumentar a eficácia adiabática.

Capítulo 5:

Este capítulo apresenta o aprimoramento da eficácia adiabática com diferentes geometrias de furo. Dois furos de formatos diferentes são usados no estudo, ou seja, furos de formato cônico e furos em forma de leque e comparados com furos cilíndricos. As medições de campo de fluxo foram realizadas para estudar o comportamento do fluxo sobre a superfície.

Capítulo 6:

Este capítulo fornece os detalhes da configuração experimental e da instrumentação usada no estudo. Além disso, fornece detalhes sobre o processo de redução de dados, análise de incertezas e validação do método experimental.

capítulo 7:

Este capítulo apresenta os resultados experimentais relacionados ao resfriamento por efusão, focando especificamente nos efeitos da incorporação de uma rampa a montante à frente da fileira inicial de buracos de efusão. Abrange as técnicas empregadas para redução de dados e análise de incertezas juntamente com a validação da metodologia experimental. Além disso, este capítulo fornece uma análise abrangente comparando os resultados computacionais do Capítulo 4 com as descobertas experimentais correspondentes .

Capítulo 8:

Este capítulo serve como um resumo da pesquisa apresentada na tese, destacando as principais contribuições. Ele fornece conclusões baseadas nas descobertas e sugere áreas potenciais para pesquisas futuras.

Capítulo 2

REVISÃO DA LITERATURA

Para alcançar alta eficiência térmica, sistemas térmicos como câmara de combustão e pás de turbina são operados em temperaturas de entrada extremamente altas. As falhas estruturais de tais componentes ocorrem devido ao aumento da temperatura. Esta temperatura mais elevada pode até levar a falhas dos componentes. A Figura 2.1 mostra a falha que ocorre na câmara de combustão. Portanto, o resfriamento eficiente das pás da turbina a gás é muito desejado para prolongar a vida útil desses componentes. Ao longo dos anos, os avanços tecnológicos nos sistemas de resfriamento das pás da turbina tornaram possível aumentar a temperatura de entrada da turbina em uma ampla faixa. Está bem documentado que as melhorias nos materiais permitem um aumento de apenas 4 °C nas temperaturas de entrada da turbina a cada ano devido aos avanços nos materiais. No entanto, melhorias nos sistemas de refrigeração resultaram em um aumento na temperatura de entrada da turbina.

2.1 Resfriamento por efusão

A técnica de resfriamento por efusão é um método de resfriamento eficiente para reduzir a temperatura da parede em revestimentos de câmaras de combustão e pás de turbinas a gás. À medida que os projetos ficam mais complicados, a fabricação se torna mais cara e exige mão-de-obra. Devido a restrições de fabricação e de tensão, ranhuras contínuas ou tiras porosas não são viáveis. Em termos de fabricação, o uso de orifícios de resfriamento por efusão é o método mais fácil. O resfriamento por efusão proporciona que as paredes do revestimento da câmara de combustão sejam adequadamente resfriadas, reduzindo os custos de fabricação e garantindo a integridade estrutural.

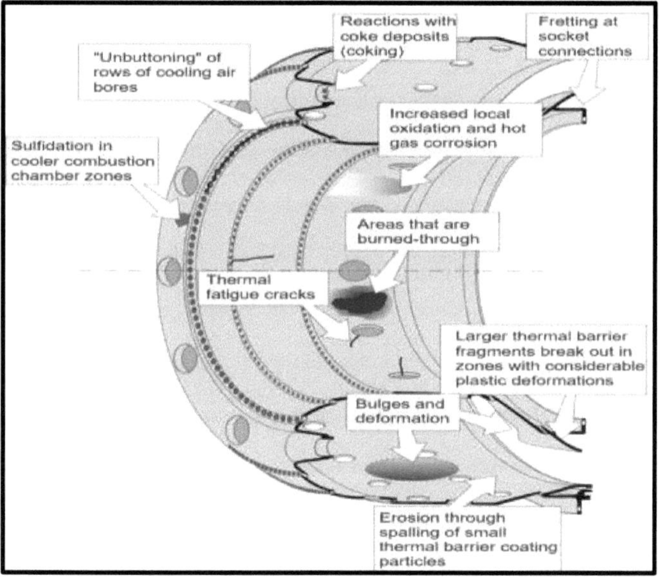

Figura 2.1 Esquema mostrando detalhes de danos na câmara de combustão (cortesia: URL de segurança do motor aeronáutico: https://aeroenginesafety.tugraz.at/doku.php?id=11:112:1122:11222:11222)

Vários parâmetros geométricos, como diâmetro do furo de resfriamento (d), ângulo de injeção do furo (α), espaçamento do furo, passo furo a furo no sentido do fluxo (S_x), passo furo a furo no sentido da extensão (S_y), comprimento relação ao diâmetro (L/d) etc. e condições de fluxo como razão de sopro (BR), razão de densidade (DR), razão de velocidade (VR), razão de fluxo de momento (I), número de Reynolds (Re) etc., têm fortes efeitos no desempenho de resfriamento. Muitos estudos experimentais e numéricos foram realizados para compreender a física subjacente à transferência de calor e às características do campo de fluxo dos revestimentos de combustores resfriados por efusão.

O desempenho de resfriamento do resfriamento por efusão pode ser medido em termos de eficácia adiabática (η)

$$\eta = \frac{T_\infty - T_{aw}}{T_\alpha - T_c} \qquad \text{.... 2.1}$$

Aqui T_∞, T_c e $_{Taw}$ representam o fluxo principal, o fluxo do refrigerante e a temperatura da parede na placa de efusão, respectivamente

A taxa de sopro é um parâmetro adimensional, denominado como relação de fluxo de massa entre o fluxo do refrigerante e o fluxo principal.

$$BR = \frac{\rho_c U_c}{\rho_\infty U_\infty} \qquad \text{.... 2.2}$$

A relação de densidade é a razão entre a densidade do fluxo do refrigerante e a densidade do fluxo principal.

$$DR = \frac{\rho_c}{\rho_\infty} \qquad \text{.... 2.3}$$

A Razão de Fluxo de Momento (I) é definida como a razão entre o fluxo de momento do jato de refrigerante e o fluxo de momento do fluxo principal

$$eu = \frac{\rho_c^2 U_c}{\rho_\infty^2 U_\infty} \qquad \text{...2.4}$$

ρ_c e U_c são a densidade e a velocidade do fluxo do refrigerante na saída do orifício de efusão, respectivamente, e ρ_∞ e U_∞ são a densidade e a velocidade do fluxo principal.

2.2 Efeito dos parâmetros geométricos

Muitas investigações da literatura anterior são realizadas principalmente para estudar o desempenho de resfriamento do filme [17-25], considerando os parâmetros paramétricos, como diâmetro do furo (d), espaçamento dos furos

entre dois furos adjacentes tanto na direção do fluxo quanto na direção da extensão, ângulo de injeção (α), relação comprimento-diâmetro. O diâmetro do furo, d, é o primeiro parâmetro geométrico significativo a discutir. O diâmetro do furo de medição, d, é uma métrica comum usada para medir os resultados de um experimento. No contexto de furos de resfriamento de filme em Dinâmica de Fluidos Computacional (CFD), "medição" refere-se ao diâmetro inicial de um furo de resfriamento circular antes de qualquer alteração em sua área de seção transversal, como a presença de difusores laterais, valas de saída, seções em forma de leque e assim por diante. Este parâmetro é comumente utilizado como uma representação da escala de comprimento relevante do campo de fluxo ao redor dos furos de resfriamento do filme em simulações de CFD.

O próximo parâmetro geométrico importante a discutir é a relação comprimento/diâmetro (L/d). A relação comprimento/diâmetro (L/d) refere-se à relação entre o comprimento do orifício de resfriamento (orifício de efusão) e seu diâmetro. Esta relação é um parâmetro crítico, pois afeta a eficiência e a eficácia do processo de resfriamento. Uma relação L/d mais elevada geralmente leva a um melhor desempenho de resfriamento, pois permite uma maior interação entre o fluxo do líquido refrigerante e a superfície que está sendo resfriada, promovendo uma transferência de calor e uma eficácia de resfriamento mais eficientes. Bogard *e outros.* [26] estudaram os efeitos da relação comprimento/diâmetro expandindo os furos de refrigeração de 2,8 para 3,5 graus em ângulos de injeção de 35 graus e 55 graus ao longo da direção do fluxo. Os autores [27,28] examinaram numericamente o impacto de furos longos e curtos de injeção de refrigerante (L/d) no desempenho de resfriamento do filme. Walters e Leylek [29] estudaram o comportamento do refrigerante na saída do furo do filme e a interação com o fluxo cruzado por dois furos curtos com diâmetro (L/d) 1,75 e 3,5. Eles observaram que à medida que a relação comprimento/diâmetro diminui, os efeitos da separação causada

devido ao design do furo de refrigeração e do plenum na entrada do furo demoram mais para atenuar e, portanto, têm maior influência nas condições de saída do jato e exercem mais influência nas condições de saída do jato.

O ângulo de injeção (α) é outro parâmetro geométrico. O ângulo que o eixo do furo do refrigerante do filme cria com a superfície da placa de efusão é conhecido como ângulo de injeção (conhecido como ângulo da superfície). O objetivo é determinar se o refrigerante permanece mais próximo da superfície de teste ou penetra no fluxo da corrente quente. Para ângulos mais rasos, como 25º e 35º, o refrigerante permanece mais próximo da superfície e ângulos de injeção, como 60º e 90º, permitem que o refrigerante penetre no fluxo principal. Hu e Ji *et al.* [30] estudaram o comportamento de configurações de resfriamento por efusão com ângulos de injeção (α) de 30 º, 60 º e 90 º para furos cilíndricos com d=0,5 mm em BR=0,5 conforme mostrado na figura 2.2.

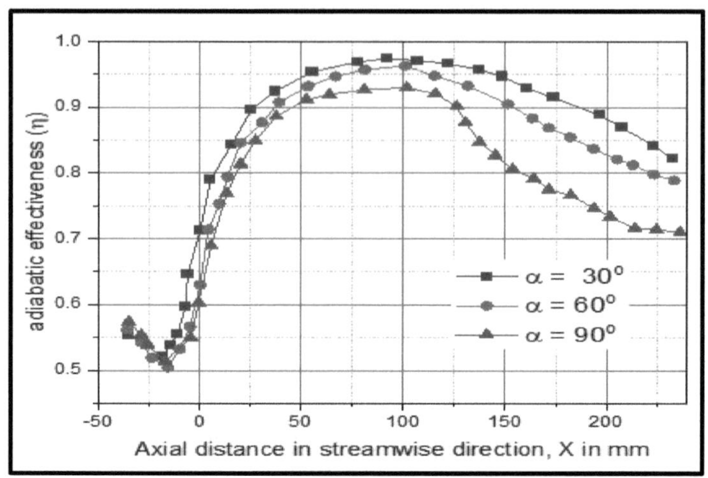

Figura 2.2 Efeito dos ângulos de injeção no resfriamento da efusão [30]

Uma pequena diferença no valor de η para os furos 30 ° e 60 ° foi observada devido à pequena diferença no resfriamento convectivo. O autor concluiu que o ângulo de injeção 30° proporciona maior eficiência que estes últimos.

O estudo de Metzger [31] concentrou-se na investigação do impacto dos ângulos de injeção no desempenho de resfriamento do filme. Os ângulos de injeção estudados nesta pesquisa variaram de $25°$ a $90°$. Esses estudos focaram em ângulos compostos (eixo do furo inclinado em direção à direção do fluxo principal) e ângulos de injeção com orientação invertida. Tais casos exibiram melhor desempenho de resfriamento na direção do vão. Antes disso, o autor focava em furos moldados expandindo a saída do furo de refrigeração. Aqui o jato de refrigerante aumenta a propagação lateral sobre as paredes de efusão à medida que sua velocidade é reduzida devido à expansão. Bell et al. [32] realizaram medições das magnitudes locais e espaciais da eficácia do resfriamento do filme adiabático e outros parâmetros de

30

desempenho com várias geometrias de furo (i) Furos cilíndricos de ângulo simples redondo (CRSA), (ii) Difundidos lateralmente

furos de ângulo simples (LDSA) (iii) furos de ângulo composto difundidos lateralmente (LDCA) (iv) furos de ângulo simples difundidos para frente (FDSA) e (v) furos de ângulo composto difundidos para frente (FDCA). Os resultados mostraram que os furos de ângulo composto difundido lateralmente (LDCA) fornecem proteção de resfriamento eficaz seguida por furos FDCA em uma ampla gama de BR s. Schmidt et al. [33] investigaram os efeitos combinados de um ângulo composto e uma saída expandida em uma placa plana. Eles concluíram que os furos expandidos para frente com ângulos compostos de $60°$ proporcionam melhor resfriamento do filme do que outras configurações.

2.3 Efeito dos parâmetros de fluxo

2.3.1 Efeito da taxa de sopro

A caracterização e comparação da eficácia dos fluxos de resfriamento por efusão são feitas utilizando a taxa de sopro. Para baixa taxa de sopro (BR), a velocidade relativa do fluxo do refrigerante é baixa em comparação com a velocidade do fluxo principal, resultando em uma quantidade reduzida de refrigerante sendo injetada na superfície de efusão. Em altas taxas de sopro (BR), a velocidade do refrigerante é significativamente maior que a velocidade principal, levando a uma quantidade substancial de refrigerante sendo injetada na parede de efusão.

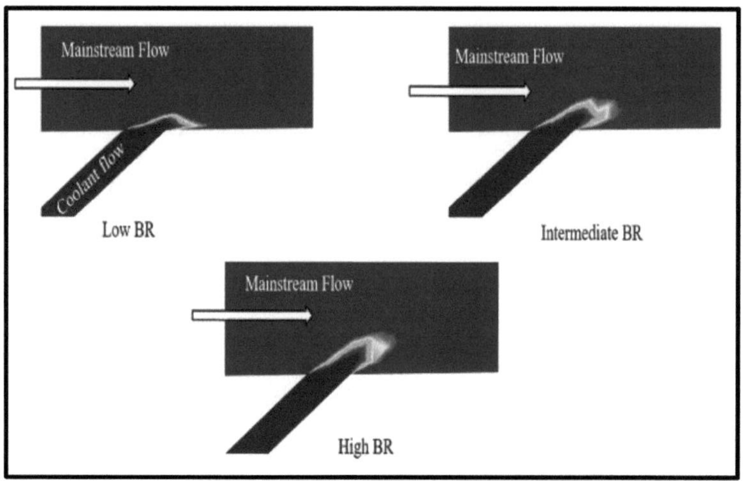

Figura 2.3 Efeito da taxa de sopro na decolagem dos jatos de refrigerante

Um caso geral de jet-lift off para uma única fileira de furo de refrigerante é visualizado na Figura 2.3, para mostrar o comportamento diversificado dos jatos de refrigerante em relação às taxas de sopro. Sinha et al. [34] conduziram um estudo para examinar o impacto das taxas de sopro no comportamento do jato de refrigerante interagindo com um fluxo cruzado. A Razão de Fluxo de Momentum (I) é definida como a razão entre o fluxo de momento do jato de refrigerante e o fluxo de momento do fluxo principal. Eles quantificaram os efeitos usando a razão de fluxo de momento (I) e variaram as razões de densidade na faixa de 1,2 a 2,0. Suas descobertas revelaram que o aumento da taxa de fluxo de massa do refrigerante leva a uma diminuição reduzida na eficácia para jatos acoplados. Além disso, eles observaram que em valores mais elevados da razão de fluxo de momento (I), os jatos sofreram separação, mas se reconectaram prontamente. No entanto, com o aumento de I, o local de recolocação mudou mais a jusante e, quando ultrapassei 0,7, ocorreu o desprendimento completo dos jatos. A

Figura 2.3 ilustra o conceito de recolocação e desprendimento do líquido refrigerante à superfície para diferentes taxas de sopro.

Goldstein *et al.* [35] examinaram o efeito da taxa de sopro na faixa de 0,1 a 2,0 na eficácia adiabática da linha central de uma placa plana. Os autores sugeriram que o jato de refrigerante interage com o fluxo principal e como resultado sofre deformação em termos de tensão de cisalhamento . A magnitude da deformação depende da taxa de sopro. Félix *et al.* [36] conduziram uma investigação experimental em placa plana de efusão com uma faixa de taxas de sopro de 0,5, 1,0, 1,5, 2,0 e 2,5 com taxas de densidade (DR) de 1,3 e 1,5, respectivamente, para medir a eficácia adiabática geral. Os autores concluíram que à medida que o diferencial de pressão através da placa do revestimento aumenta, a taxa de fluxo de massa do refrigerante através dos orifícios de efusão também aumenta. Conseqüentemente, a taxa de fluxo de massa através dos orifícios de resfriamento aumentará para uma alta taxa de sopro. Sinha *et al.* [37] observaram que a incrustação era melhor alcançada com uma variedade de taxas de sopro, se o resfriamento do filme

os jatos não se separaram da parede. A investigação de parâmetros geométricos em sistemas de resfriamento por efusão demonstra que alcançar um desempenho de resfriamento altamente eficiente pode ser alcançado alterando parâmetros como diâmetro do furo, distribuição do furo e espaçamento do furo, conforme mostrado na Figura 2.4. Curiosamente, estes parâmetros geométricos têm apenas efeitos menores na eficácia do resfriamento e na quantidade de ar de resfriamento consumido .

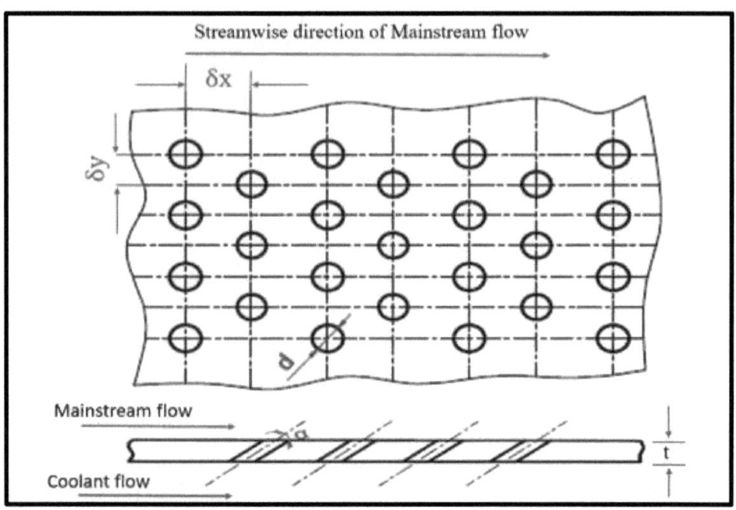

Figura 2.4 Disposição dos orifícios de efusão em padrão escalonado

2.3.2 Efeito da relação Densidade

Outro parâmetro de resfriamento importante a ser discutido é a taxa de densidade. Este termo refere-se às densidades do fluido tanto do refrigerante quanto do fluxo principal. Muitos pesquisadores abordaram a relação de densidade próxima da unidade no esquema de resfriamento por efusão. A pesquisa realizada sobre as características de resfriamento do filme destacou a importância da relação de densidade. Verificou-se que o aumento da taxa de densidade leva a uma melhor eficácia da parede de resfriamento do filme, enquanto mantém constante a taxa de fluxo de massa ou a taxa de velocidade . Pedersen *et al.* [38] examinaram o efeito das razões de densidade variando entre 0,75 e 4,17 e concluíram que a razão de densidade tem um impacto significativo na eficácia adiabática do resfriamento do filme quando o refrigerante é injetado através dos orifícios do filme. À medida que a taxa de densidade aumenta, a eficácia do filme também aumenta na direção descendente. À medida que a taxa de densidade aumenta, a eficácia global também aumenta. Verificou-se que a taxa de sopro 0,40 proporciona eficácia máxima para todas as taxas de densidade.

Brocq *et al.* [39], Launder e York [40], Foster e Lampard [41], Yoshida e Goldstein [42], Pietrzik *e outros.* [43] investigaram os efeitos das razões de densidade do líquido refrigerante para a corrente principal na eficácia adiabática, variando as taxas de sopro para furos de refrigeração inclinados. Ecád *e outros.* [44,45] estudaram os efeitos da razão de densidade e da razão de sopro usando CO_2 e ar como fluxo secundário no ângulo de injeção de 35 ° e mediram a eficácia adiabática e o coeficiente de transferência de calor. Eles demonstraram como a relação de densidade afeta a eficácia do resfriamento adiabático, aumentando as taxas de fluxo de momento em relação ao ângulo composto. A eficácia adiabática global diminui ligeiramente à medida que a relação de densidade aumenta.

2.3.3 Melhoria do desempenho de resfriamento com modificadores de fluxo

A proteção térmica eficaz nas camisas de combustão pode ser alcançada quando o líquido refrigerante permanece próximo à superfície e não penetra no fluxo principal. Tal situação/condição ideal nunca ocorre mesmo no sistema de refrigeração mais eficiente do

conta os vórtices gerados quando o refrigerante é injetado através dos furos na corrente principal.

A Figura 2.5 mostra o esquema de pares de vórtices contra-rotativos (CRVP) associados ao Jet em fluxo cruzado. A formação de pares de vórtices contra-rotativos (CRVP) dentro do jato de refrigerante degrada a eficiência de resfriamento na superfície devido à elevação aerodinâmica. O movimento rotacional dos CRVPs faz com que gases quentes do fluxo principal passem sob o jato de resfriamento, levando a altas temperaturas superficiais. O anti-CVRP neutraliza os efeitos negativos dos CRVPs. Assim, a penetração do jato de fluido secundário teve que ser reduzida, enfraquecendo os CRVs, e a propagação lateral dos jatos teve que ser aumentada, a fim de aumentar o resfriamento a jusante da região entre os orifícios de injeção, a fim de conseguir isso. Para alcançar um alto desempenho de resfriamento na placa de efusão, é importante modificar as estruturas de fluxo. Algumas das maneiras possíveis de alterar as estruturas de fluxo são 1) alterar as interações camada limite/jato de resfriamento, 2) alterar o fluxo a montante do jato de refrigerante e 3) modificar a forma da geometria do furo.

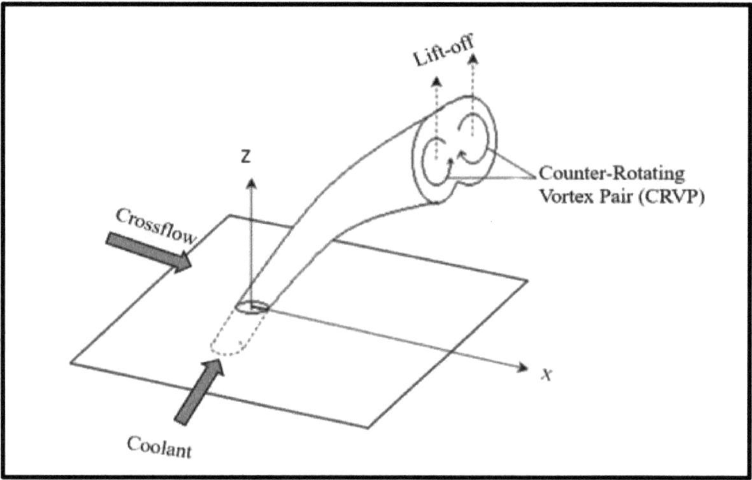

Figura 2.5 Esquema de pares de vórtices contra-rotativos (CRVP) associados ao Jet em fluxo cruzado

Gritsch *e outros*. [46] relataram que a melhoria da eficácia adiabática e o aumento da dispersão lateral do fluxo de refrigerante sobre a superfície podem ser obtidos fornecendo uma saída expandida no furo. Zaman e Foss [47] colocaram uma aba perto da saída do buraco para enfraquecer os vórtices renais, reduzindo a penetração do jato de refrigerante no fluxo principal e aumentando a propagação lateral do refrigerante sobre a superfície. Nisar *et al.* [48] mostraram que colocar abas nas bordas a montante e a jusante do furo de refrigeração aumenta a eficácia adiabática. Isto reduz a decolagem do jato e aumenta a dispersão lateral do jato. Haven e Kurosaka [49] introduziram um par de palhetas

no orifício do jato de refrigerante, em vez da saída do orifício, para enfraquecer os vórtices renais, formando vórtices de cancelamento de modo que o jato de refrigerante se fixe na superfície.

Vários investigadores obtiveram insights físicos sobre as estruturas de fluxo formadas pela geometria do furo cilíndrico exibindo a interação da camada limite do jato de refrigerante e do fluxo principal. Essas investigações incluem Yoshida e Goldstein [50], Garg e Gaugler

[51], Subramanian *et al.* [52], Benz *et al.* [53], Leylek e Zerkle [54], Lee *et al.* [55], Pietrzyk *e outros.* [56], Jubran e Brown [57].

2.4 Estudos computacionais sobre resfriamento de efusão

Para fazer avanços significativos nas tecnologias de resfriamento, é necessário ter um conhecimento básico dos mecanismos que envolvem os campos de fluxo de efusão. Os especialistas em design buscam uma ferramenta de projeto preditiva que facilite tempos de entrega rápidos sem depender do tradicional

abordagem de tentativa e erro de metodologias de construir e quebrar. A Dinâmica de Fluidos Computacional (CFD) oferece aos projetistas uma abordagem eficaz, rápida e relativamente precisa para analisar fenômenos de fluxo de fluidos, tornando-a uma ferramenta valiosa no processo de projeto. Ao simular o fluxo turbulento tridimensional nos revestimentos do combustor com grande número de furos nas paredes, permite-se uma descrição completa da formação e fusão dos jatos. A Simulação Numérica Direta (DNS) não é uma abordagem viável para estudar o fluxo turbulento em revestimentos de combustores tridimensionais com um grande número de furos nas paredes. LES (Large-Eddy Simulation) prova ser um método altamente preciso para prever características de fluxo em campos de fluxo de resfriamento de efusão, embora ainda seja computacionalmente caro. O uso de cálculos RANS é uma estratégia alternativa que agora é amplamente aceita como norma na indústria.

Os investigadores [29, 51, 58, 59] realizaram estudos abrangentes sobre CFD investigando o resfriamento do filme e o resfriamento por efusão com base nas metodologias constantes de Reynolds Averaged Navier Stokes.

Simulações RANS para jatos de fluxo cruzado empregaram vários modelos k-ε introduzidos por Launder e Spalding [60] para determinar a distribuição da viscosidade turbulenta. Tridimensional
cálculos de fluxo de turbulência foram conduzidos por Launder e Spalding [60], bem como Patankar et al. [61]. Este modelo foi usado pela primeira vez por Patankar *e outros* [61] explorar detalhadamente o jato de refrigerante em um fluxo cruzado e, embora empregando uma grade relativamente grosseira (15x15x10),

Eles observaram concordância satisfatória entre os resultados obtidos nas simulações e os dados experimentais relativos à trajetória dos jatos e ao perfil de velocidade no sentido da corrente. Demuren [62] apresentou uma análise completa e avaliação sistemática dos numerosos modelos sobre fluxos turbulentos de jato cruzado publicados até 1985. Afti e Yavuzkurt [63] conduziram simulações em uma camada limite turbulenta usando um modelo parabólico bidimensional com baixo

Número de Reynolds e modelo de turbulência k-ε. O objetivo das simulações foi calcular o resfriamento do filme com uma linha de injeção.

2.5 Estudos experimentais sobre resfriamento de efusão

A máxima eficácia no processo de resfriamento do filme pode ser obtida se os jatos de refrigerante permanecerem próximos à superfície e não penetrarem no fluxo principal . Para cobrir eficazmente grandes áreas na superfície, os jatos de refrigerante requerem uma alta taxa de fluxo de massa, ao mesmo tempo que minimizam a mistura turbulenta para evitar a diluição pelo fluxo principal. É possível melhorar a proteção do refrigerante controlando o processo de mistura do jato do refrigerante para o fluxo principal e modificando a estrutura de vórtices contra-rotativos resultantes (vórtices de rim). Isto pode ser conseguido modificando a geometria do furo. Os autores [46,60,64] observaram que a adição de uma saída expandida no furo melhora o desempenho do resfriamento, aumentando a eficácia adiabática, a propagação lateral do refrigerante sobre a superfície e diminuindo o coeficiente de transferência de calor.

Shih et al. [65] propuseram a incorporação de uma escora ou obstrução logo a montante de cada furo de resfriamento. Estas estruturas não geram vorticidade significativa, mas servem para esticar e inclinar os vórtices formados dentro dos orifícios de resfriamento. Como resultado, eles podem alterar a direção e a magnitude da vorticidade nos CRVs (vórtices contra-rotativos) e no par anti-rim, melhorando potencialmente o desempenho de resfriamento. Ecád *e outros* . [66] demonstraram que o desempenho de resfriamento do filme pode ser melhorado colocando uma aba no lado a montante do orifício de resfriamento. Bunker [67] propôs que colocar uma vala na frente dos furos de resfriamento aumenta a eficácia em 50-70% em comparação com o furo circular, modulando as interações jato de refrigerante/camada limite. Barigozzi *e outros.* [68] estudaram o efeito da colocação de uma rampa a montante para furos circulares e em forma de leque. Para taxas de sopro baixas, eles descobriram que a colocação de uma rampa a montante aumenta a eficácia do resfriamento do filme para furos circulares e diminui para furos em forma de leque. Chen et al. [69] conduziu uma investigação

nos efeitos de uma rampa a montante no desempenho de resfriamento do filme. Suas descobertas indicam que a combinação do ângulo de rampa (altura) e da taxa de sopro tem um impacto nas características de resfriamento do filme a jusante dos orifícios de resfriamento do filme. Contudo, devido à natureza discreta dos furos de resfriamento no esquema de resfriamento do filme, a eficácia adiabática diminui na região a jusante da saída do jato até o bordo de fuga da placa. A abordagem de resfriamento por efusão foi utilizada para melhorar a eficácia adiabática em toda a superfície, onde a eficácia adiabática melhora progressivamente da borda dianteira até a borda traseira no arranjo de resfriamento do filme. A eficácia de resfriamento média lateralmente parece oscilar ao longo da placa, porque há um aumento na eficácia adiabática na saída do furo de refrigeração e uma diminuição na eficácia na região afastada do jato. Andrews et al [70,71,72] investigaram experimentalmente para estudar os efeitos do diâmetro do furo do refrigerante, ângulos de injeção dos jatos de fluxo do refrigerante, espaçamento dos furos nas direções do vão e do fluxo. Escritor *e outros* . [20] estudaram as formas do perfil do campo de fluxo e a eficácia adiabática no resfriamento por efusão com uma variedade de taxas de sopro e concluíram que taxas de sopro mais altas proporcionam mais eficácia em comparação com taxas de sopro baixas.

Os autores [73,74,75] usaram a abordagem de imagem infravermelha para medir a temperatura da superfície no resfriamento da efusão e forneceram uma variedade de experiências úteis que muito

auxiliou profissionais posteriores, tornando-o mais fácil de usar e reduzindo a incerteza experimental. Usando a abordagem da termografia infravermelha transitória, Ekkad *e outros* . [75] mediram o coeficiente de transferência de calor e a eficácia do resfriamento do filme em um único teste. Os benefícios da técnica IR sobre a tecnologia de cristal líquido foram demonstrados adequadamente nesses esforços de pesquisa anteriores, em termos de uma faixa de temperatura maior tratada e informações de campo de temperatura 2D mais precisas com melhor precisão . Apesar das melhores tentativas dos pesquisadores para melhorar a eficiência do resfriamento por efusão, modificando o fluxo e os fatores geométricos, ainda faltava eficácia adiabática nas primeiras filas de buracos no resfriamento por efusão. Para resolver este problema, uma rampa a montante é colocada logo a montante da primeira fila de furos, permitindo aumentar a eficácia adiabática das primeiras filas.

2.6 Melhoria do desempenho de refrigeração com furos moldados

Verificou-se que os furos moldados proporcionavam maior dispersão lateral sobre a superfície, levando a valores mais elevados de eficiência adiabática ao longo da linha central da placa de efusão. Observou-se também que, para qualquer relação de sopro e relação de densidade, os furos moldados melhoram significativamente o desempenho de refrigeração. Goldstein *et al.* [46] observaram que o aumento da eficácia no resfriamento do filme é devido à expansão da área de saída dos orifícios moldados para injeção de refrigerante. Os furos moldados reduzem a penetração do jato de refrigerante, diminuindo a velocidade dos jatos em relação ao fluxo principal. Kohli e Bogard [76] investigaram experimentalmente usando uma única fileira de furos de refrigeração com ângulo de injeção de 55 °. As investigações são realizadas em três

furos de formatos diferentes com DR constante de 1,6. Eles concluíram que os furos

moldados proporcionam melhor eficácia adiabática em toda a extensão do que os furos

circulares em qualquer relação de sopro.

Sun *et al.* [77] examinaram a influência dos furos moldados no desempenho de

resfriamento do filme, tanto numérica quanto experimentalmente, com uma variedade

de taxas de sopro. Eles consideraram quatro furos de formatos diferentes (isto é, furos

redondos normais, furo em forma de leque, furo de injeção com dois furos irmãos,

furos de jato duplo). Eles observaram que os furos moldados proporcionavam melhor

desempenho de resfriamento do que os furos redondos normais. Os autores [78-82]

demonstraram que a injeção em ângulo composto tem eficácia de resfriamento em

relação à injeção em ângulo simples. O jato de refrigerante ejetado dos furos de injeção

do composto proporciona maior distribuição lateral sobre a superfície do que os furos

cilíndricos normais à medida que o refrigerante se desloca para baixo. Thole *et al.* [83]

demonstraram as medições do campo de turbulência e velocidade do fluxo de furos

cilíndricos, difundidos em forma de leque e difundidos lateralmente. Os resultados

mostram que os furos difundidos lateralmente proporcionam melhor desempenho de

resfriamento, produzindo menor penetração do jato de refrigerante, reduzindo os

gradientes de velocidade e turbulência do que os furos redondos. Bell *et al.* [32]

mediram as magnitudes locais e espaciais da eficácia do resfriamento do filme

adiabático e outros parâmetros de desempenho para furos de diferentes formatos. Os

resultados concluíram que os furos LDCA fornecem a melhor proteção de

resfriamento, seguidos pelos furos FDCA em uma variedade de BR s. Schmidt *et al.*

[85] estudaram os efeitos combinados do ângulo composto com saída expandida na

placa plana. Eles concluíram que os furos expandidos para frente com ângulos compostos de 60° proporcionam melhor resfriamento do filme do que outras configurações. André *et al.* [70,71,86] conduziram experimentos para examinar os efeitos de parâmetros geométricos, como o diâmetro do orifício de injeção, o formato do orifício do refrigerante e o ângulo de injeção no desempenho do resfriamento por efusão. Os autores [87, 88] conduziram investigações experimentais e numéricas para estudar os impactos do espaçamento dos furos nas direções do fluxo e da extensão, juntamente com vários ângulos de injeção de refrigerante e de deflexão. Ao longo do estudo, eles mediram a eficácia do filme adiabático em diferentes taxas de sopro (BRs). Kumar *et al.* [89] compilaram uma revisão abrangente do desempenho do sistema de resfriamento por efusão. Os resultados do estudo demonstraram uma relação estatisticamente significativa entre vários parâmetros e eficiência adiabática. Os estudos da literatura acima indicaram que a eficácia adiabática aumenta gradualmente dos furos iniciais até os furos finais, pelo espalhamento lateral do refrigerante pelos furos adjacentes.

Goldstein *et al* . [46] foram os primeiros a introduzir o conceito de furos de resfriamento moldados para aprimorar o processo de resfriamento do filme. Foi feita uma comparação entre os furos cilíndricos inclinados e os furos de saída expandidos lateralmente $^{12°}$. De acordo com os dados de eficácia, os resultados mostram que os orifícios moldados do filme proporcionam melhor proteção contra resfriamento do filme. Os autores [79,80,82,83,90-94] demonstraram que a injeção em ângulo composto tem maior eficácia de resfriamento do que a injeção em ângulo simples. A injeção em ângulo composto é considerada mais eficaz no resfriamento do que a injeção em ângulo simples porque proporciona melhor cobertura e uniformidade do filme na superfície da parede. O ângulo composto permite que o líquido refrigerante se espalhe por uma área maior, melhorando a eficácia do resfriamento e reduzindo os pontos quentes. Thole *et al.* [95] demonstraram as medições do campo de turbulência e velocidade do fluxo de furos cilíndricos, difundidos em forma de leque e difundidos lateralmente. Os resultados mostram que os furos difundidos lateralmente proporcionam melhor desempenho de resfriamento, produzindo menor penetração do jato de refrigerante, reduzindo os gradientes de velocidade e turbulência do que os furos redondos. Bell *et al* [32] mediram a eficácia adiabática do resfriamento do filme e outros parâmetros de desempenho para furos de diferentes formatos. Os resultados concluíram que os furos LDCA fornecem a melhor proteção de resfriamento, seguidos pelos furos FDCA em uma ampla gama de BRs . Schmidt et al. [33] examinaram os efeitos combinados do ângulo composto com saída expandida na placa plana. Eles concluíram que os furos expandidos para frente com ângulos compostos de 60° proporcionam melhor resfriamento do filme do que outras configurações.

A partir de estudos anteriores da literatura, os pesquisadores fizeram esforços para melhorar o desempenho geral do resfriamento por efusão, modificando o fluxo e as condições paramétricas geométricas. No entanto, os furos moldados com saídas expandidas melhoraram o desempenho de resfriamento do filme.

Capítulo 3

INVESTIGAÇÃO COMPUTACIONAL

3.1 Introdução

Este capítulo apresenta uma visão geral da metodologia computacional utilizada para resolver as equações governantes neste estudo. O objetivo principal é examinar a mecânica do fluxo dentro do sistema de resfriamento por efusão e avaliar sua eficácia quantificando parâmetros como a eficácia adiabática da linha central , a eficácia média lateral e a eficácia adiabática média da área. Além disso, foi investigado o impacto da introdução de uma rampa a montante à frente da primeira fila de buracos de efusão. Além disso, foram utilizados furos moldados para melhorar o sistema de resfriamento de efusão em comparação com furos cilíndricos normais. A autenticidade do modelo computacional é afirmada através da realização de testes de validação contra dados experimentais e numéricos previamente publicados. O estudo é realizado para uma variedade de valores de entrada, como taxas de sopro, ângulos de rampa e taxa de densidade como unidade, provenientes de uma variedade de fontes de acesso aberto. A placa de efusão com 20 fileiras de furos de injeção é inicialmente simulada para determinar a eficácia adiabática. Depois de incluir a rampa, os resultados do desempenho geral do resfriamento da efusão são medidos e comparados com a linha de base.

A presente análise sugere a colocação de rampa a montante em vários ângulos de rampa e o uso de furos moldados em vez de furos de injeção cilíndricos normais. As simulações são realizadas em técnicas padrão de resfriamento por efusão com 20 fileiras de orifícios de efusão com taxas de sopro variadas de 0,25, 1,0 e 3,2. Mais tarde, uma rampa a montante é colocada na frente da primeira fileira de orifícios de efusão em diferentes ângulos de rampa, ou seja, $14°$ e $24°$. Em seguida, dois orifícios de formatos diferentes (orifícios em forma de leque e orifícios em formato cônico) são incorporados para medir o desempenho do resfriamento por efusão, o que aumenta a eficácia adiabática. Nas seções de furos moldados, o número de furos é restrito a 10 fileiras de furos para reduzir o tempo de execução da simulação. Observa-se que em dois casos, o aumento da eficácia adiabática aumenta mais de duas vezes em comparação com a linha de base.

3.2 Computacional Metodologia

Esta seção discute o método dos elementos finitos (FEA), que serve de base para as metodologias de simulação empregadas neste estudo. Esta seção discute FEA, COMSOL Multifísica, solucionador não linear e convergência em detalhes.

3.2.1 Finito Elemento Análise

A Análise de Elementos Finitos é principalmente uma técnica para produzir uma aproximação numérica para uma equação diferencial governante em um domínio geométrico especificado, sujeita a condições de contorno predefinidas [96-98]. O domínio é subdividido em um número finito de elementos não sobrepostos. Quando todas as peças são combinadas, o domínio de interesse é totalmente coberto. Argyris [99] e Turner [100] foram os pioneiros na partição de um domínio em elementos distintos com o propósito de resolver problemas de elasticidade. Desde então, o poder computacional aumentou e o método dos elementos finitos foi aplicado a uma gama cada vez maior de problemas científicos e de engenharia, resultando em refinamentos adicionais ao método. Cada elemento é composto por vários pontos, chamados de nós. Por exemplo, em um problema tridimensional, serão utilizados elementos tetraédricos com pelo menos quatro nós. A malha é composta de elementos e nós. Alguma função de interpolação, geralmente um polinômio, é usada para aproximar a variável dependente de cada elemento.

3.2.2 COMSOL Multifísica

COMSOL Multiphysics [101] é um programa de software comercial construído em ferramentas FEMLAB FEA. Ele fornece uma interface CAD para definição de geometria, geração avançada de malha e uma ampla variedade de solucionadores numéricos e recursos de pós-processamento. A COMSOL oferece módulos de aplicação especializados projetados para resolver tipos específicos de problemas de física e engenharia, incluindo Engenharia de Transferência de Calor, Acústica, Fluxo de Fluidos e muitos outros. Além de sua capacidade genérica de resolução de equações diferenciais parciais (PDE), esses módulos especializados fornecem ferramentas e funcionalidades dedicadas. Os módulos especializados do COMSOL fornecem modos de aplicação que definem a forma específica das equações diferenciais parciais (PDEs) governantes a serem resolvidas para diferentes problemas de física e engenharia. Dentro de cada modo de aplicação, os usuários podem selecionar e personalizar convenientemente todos os coeficientes, condições de contorno e condições iniciais relevantes para suas necessidades específicas de simulação. Os coeficientes no COMSOL Multiphysics podem ser expressos como funções de coordenadas espaciais, funções da variável dependente que está sendo resolvida ou, no caso de um modelo multifísico, funções conectadas à saída de outro modo de aplicação. O Módulo de Transferência de Calor em Fluidos foi escolhido como o módulo específico da aplicação para esta investigação. Este módulo inclui trinta modos de aplicação distintos, cada um dos quais gera seu próprio conjunto de equações PDE de controle. Por exemplo, o módulo de Transferência Generalizada de Calor em fluidos empregado neste estudo inclui a equação RANS e a equação de continuidade, tornando-o particularmente bem adaptado para lidar com interfaces entre interações térmicas de fluidos. Para problemas estacionários ou dependentes do tempo, o COMSOL emprega uma variedade de algoritmos de resolução que podem simular modelos lineares ou não lineares.

3.2.3 O Não linear Solucionador

A maioria dos problemas intrigantes são de natureza não linear. No COMSOL Multiphysics, o solucionador não linear utiliza uma abordagem de Newton modificada para resolver essas complexidades. O estado inicial da variável dependente, U_o, é especificado pelo usuário. Um modelo linearizado é construído da seguinte maneira em torno do estado original:

$$J.(Você).você = B(você_o)$$

$$...3.1$$

Uma matriz de rigidez do sistema ou matriz Jacobiana é chamada J. U_o é o estado de U no início, B é um vetor que muda com as condições de contorno e J é chamada de matriz de rigidez do sistema. Num caso simples, o vetor U pode ser resolvido num problema linear. Devido ao fato de U_o não ser uma solução perfeita, o erro residual é

$$Você = J.(Você).você - B(você_o)...3.2$$

A técnica iterativa de Newton pode ser aplicada convencionalmente expandindo R(U) em uma série de Taylor, retendo apenas o componente de primeira ordem e igualando-o a zero. Durante o processo de iteração, o COMSOL verifica se o erro relativo é maior que o valor anterior. Se sim, reduz o fator de amortecimento e reavalia U1. Este fator de amortecimento é usado para garantir a convergência em uma faixa mais ampla de valores iniciais, facilitando uma convergência de soluções mais robusta.

3.2.4 Convergência

A maior parte do trabalho de simulação envolve a resolução de modelos não lineares, e alcançar a convergência desses modelos pode ser bastante desafiador . Ao resolver esses problemas utilizando a técnica iterativa de Newton, é necessário um esforço considerável para oferecer a melhor previsão inicial possível. De acordo com o manual do programa COMSOL, muitas vezes é necessária uma estimativa da ordem de grandeza. O COMSOL Parametric Solver simplifica esse processo. Também é necessário avaliar as condições de convergência para o processo iterativo de Newton. Uma abordagem comum envolve calcular a norma euclidiana do vetor de erro relativo, E, e interromper as iterações quando a norma estiver dentro de um limite de erro especificado. O fluxograma de cálculo é ilustrado na Figura 3.1.

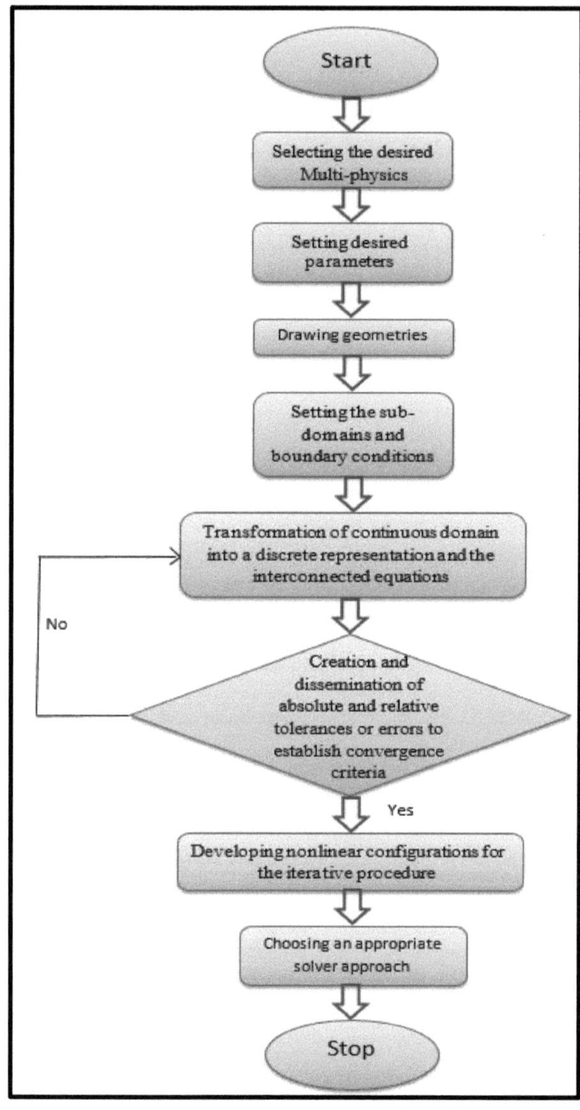

Figura 3.1 Fluxograma para cálculo

3.2.5 Interfaces de usuário de CFD

Para resolver problemas de campo de fluxo, os códigos CFD são baseados em algoritmos numéricos. O pré-processador, o solucionador e o pós-processador são as três principais interfaces de usuário que estabelecem um parâmetro de problema para o qual os resultados podem ser examinados nesses algoritmos numéricos .

1. Pré-processador : Este é o domínio onde os usuários carregam os dados de entrada no programa CFD e é denominado pela ação do usuário, como

- Fazendo uma definição formal do domínio computacional
- Gerando malhas do domínio
- Seleção dos processos físicos e químicos a serem incluídos no esforço de modelagem
- Definindo as propriedades dos fluidos
- Definindo as condições de contorno

2. Solver : O algoritmo numérico emprega três etapas principais baseadas no método dos elementos finitos, que é a abordagem amplamente utilizada na formulação da maioria dos códigos de dinâmica de fluidos computacional (CFD) bem estabelecidos. A seguir estão as medidas mais importantes a serem tomadas:

- Usando a análise de elementos finitos, as equações governantes do fluxo de fluido são integradas.
- Discretizando a equação integral resultante em conjuntos de equações algébricas.
- Resolver iterativamente as equações algébricas.

3. Pós-processador : O processo de visualização envolve a exibição da grade de domínio, gráficos vetoriais, contornos, rastreamento de partículas, animação de resultados dinâmicos e outras informações relevantes na tela do computador. A crescente popularidade das estações de trabalho de engenharia levou a desenvolvimentos substanciais nas técnicas de pós-processamento, com um foco significativo na visualização em engenharia.

3.3 Domínio Computacional

A Figura 3.2 e a Figura 3.3 mostram o esquema do modelo computacional e os detalhes da placa de efusão para furos cilíndricos (linha de base). O domínio computacional compreende três seções: fluxo principal, placa de efusão e fluxo de refrigerante. Os gases quentes podem fluir na placa de efusão através do duto principal, enquanto o ar secundário flui através dos orifícios de efusão para o duto principal. A placa de efusão consiste em 20 fileiras de orifícios dispostos em padrão escalonado. O diâmetro dos furos de injeção do refrigerante (d) é de 5,7 mm. O espaçamento dos furos na direção do fluxo e da extensão Sx /d=4,9 e Sy/d=2,4. A espessura da placa de efusão (t) é 3d, e o refrigerante é injetado no fluxo principal em (α) é 30 ° e 60 °. As dimensões do duto principal são 130d (direção do fluxo) e 10d (direção do vão). Condições de contorno simétricas são aplicadas em ambos os lados do domínio computacional na direção y. Três geometrias de furos diferentes (furos cilíndricos, cônicos e em forma de leque) são usadas como furos de injeção de resfriamento.

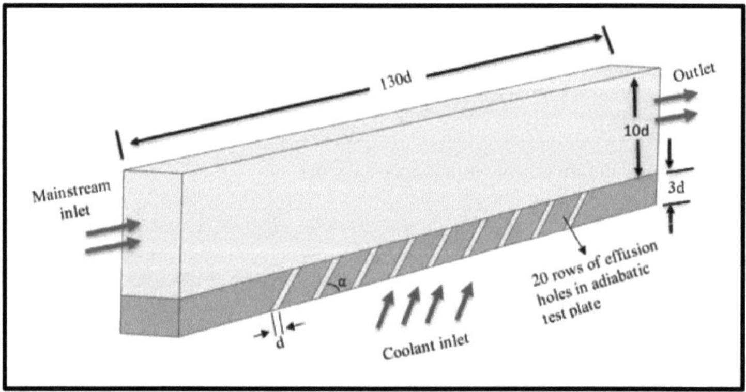

Figura 3.2 Visão isométrica do domínio computacional e condições de contorno

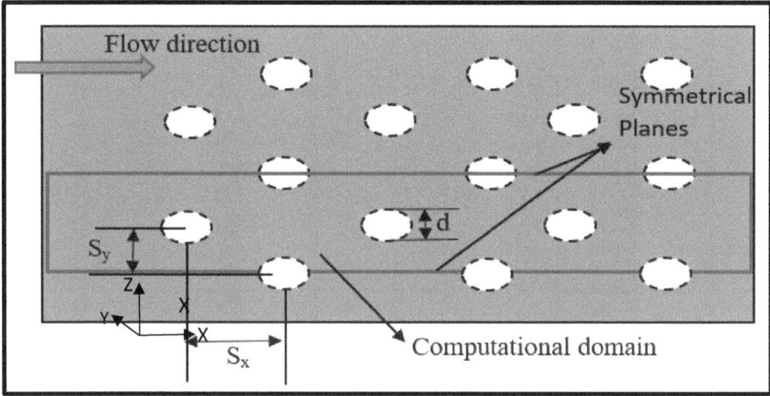

Figura 3.3 Vista superior do domínio computacional na superfície da placa de efusão

3.3.1 Geração de Rede

Desenvolver uma boa malha que resolva adequadamente os aspectos críticos, minimizando os elementos de desperdício em áreas onde nenhuma resolução é necessária, é uma tarefa crucial. O domínio computacional foi mesclado no presente trabalho usando uma malha triangular livre linear simples. A Figura 3.4 mostra uma visão transversal aprimorada da malha do domínio computacional. Para manter a consistência ao longo das investigações, cada grelha de casos foi criada com o mesmo número de grelhas. Para modelar com precisão a subcamada laminar e a região tampão, a distância dos nós mais próximos da parede é mantida em aproximadamente (y+) = 11,225 para todas as simulações. Para manter a consistência na abordagem de modelagem, é empregada uma função de parede escalável, que ajusta a malha próxima à parede para atingir um valor y+ de 11,225. Este valor corresponde ao início da zona log-law e ajuda a garantir a representação adequada da dinâmica do fluxo próximo à parede nas simulações. Este ajuste é necessário devido aos diferentes níveis de resolução na grade e ao refinamento próximo à parede causado por variações na geometria e escalas de velocidade dentro do

modelo atual. Para evitar a resolução excessiva da subcamada laminar, que não é capturada com precisão pelos modelos baseados em épsilon, a malha é modificada internamente usando a metodologia escalável.

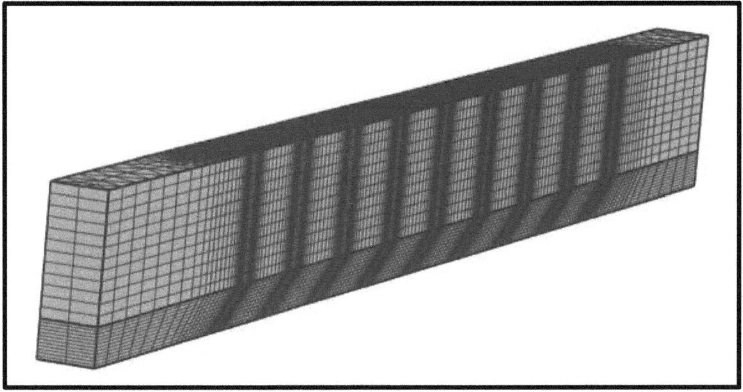

Figura 3.4 Visualização da malha computacional de todo o domínio.

3.3.2 Grade Independência Estudar e Convergência Critério

Nesta seção, uma análise de sensibilidade da grade é realizada em um modelo computacional para garantir que os resultados obtidos sejam independentes do tamanho da malha. A precisão dos resultados depende do tamanho da grade, e uma sequência de malha controlada pelo usuário é selecionada para este estudo. A superfície da placa de efusão é modelada com malha tetraédrica livre, com grade fina, para obter altas resoluções das variações dos parâmetros de fluxo. A malha varrida com geometria restante, com um número fixo de elementos, é distribuída nos domínios conforme mostrado na Figura 3.4 e Figura 3.5 (a) e (b). A independência da grade foi examinada usando três tamanhos de grade diferentes: 2,2 milhões (malha grossa), 2,8 milhões (malha fina) e 3,0 milhões (malha extremamente fina) de elementos. A variação na eficácia adiabática da linha central sobre a superfície entre a malha fina e a extremamente fina

a malha é observada em 7,2%. Para encontrar um equilíbrio entre economia de tempo de computação e eficiência, a presente simulação foi conduzida usando 2,8 milhões (malha fina) para manter a simetria. O número de células da grade varia de acordo com os modelos computacionais (varia com ângulos de rampa (α_1) e ângulos de injeção (α)). As simulações são executadas em um computador equipado com processador Intel Xenon Core i5-2620, 256 GB de RAM, utilizando COMSOL 5.5a Multiphysics. Os critérios de convergência foram definidos de tal forma que os resíduos para as equações de continuidade, momentos e transporte turbulento deveriam estar abaixo de 10^{-5}, enquanto os resíduos da equação de energia deveriam estar abaixo de 10^{-8}. Além disso, a temperatura média da parede inferior é monitorada para garantir convergência constante

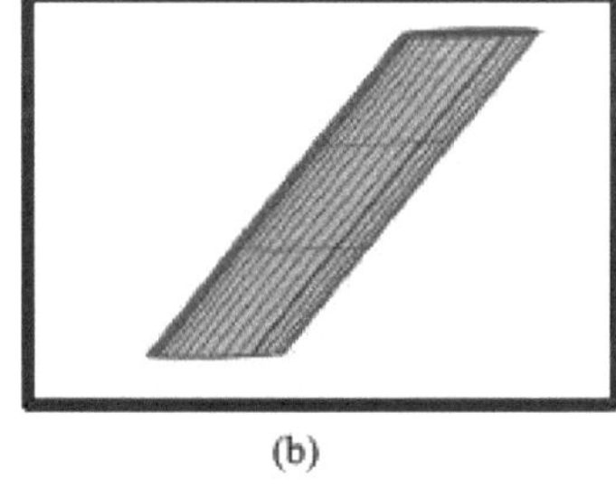

(a)   (b)

Figura 3.5 Grade de superfície para (a) placa de efusão e (b) orifício de efusão

3.3.3 Solucionador e o Turbulência Modelo

As simulações numéricas foram realizadas utilizando o software comercial COMSOL 5.5a Multiphysics para análise tridimensional de Dinâmica de Fluidos Computacional (CFD). Para resolver as equações de Reynolds-Averaged Navier-Stokes (RANS) em estado estacionário , foram utilizadas técnicas de discretização de segunda ordem . O solucionador baseado em pressão foi utilizado porque o fluido de trabalho é considerado incompressível. O módulo de turbulência k-ε padrão é um modelo de duas equações que fornece uma visão abrangente da turbulência usando duas equações diferenciais parciais [105,106]. A maior parte da física e das propriedades dos fluxos observadas em diversas aplicações industriais podem ser previstas com precisão usando o modelo de turbulência k-ε [107,108]. O fluxo secundário e os fluxos de alta curvatura aerodinâmica também são previstos com precisão. Como resultado, serve como um modelo útil para descrever a complexa dinâmica de fluidos na superfície de efusão adiabática. [101]. A interface de transferência de calor é acoplada a uma interface de fluxo de fluido não isotérmica, que considera forças de pressão e dissipação viscosa do fluido.

A presente simulação utilizou segregação paramétrica. Os solucionadores segregados paramétricos empregam o solucionador iterativo mais adequado em cada subetapa linear. O método de solução segregada normalmente requer mais iterações para alcançar a convergência em comparação com técnicas totalmente acopladas. No entanto, cada iteração na abordagem segregada leva significativamente menos tempo. as equações governantes para massa, momento, energia e turbulência são integradas para formular equações algébricas para cada variável dependente desconhecida. Os modelos RANS demonstraram em pesquisas anteriores prever com precisão as propriedades de transferência de calor e fluxo de fluido.

Neste estudo, o modelo k-ε padrão prevê a temperatura da superfície e captura a mecânica do fluxo na placa de efusão. O modelo k-ε padrão também pode prever com eficácia a perda de pressão, o campo de fluxo e a transferência de calor na placa plana adiabática [102-104]. Assim, neste estudo, o campo de fluxo turbulento foi modelado usando um modelo k-ε padrão.

3.3.4 Equação Governante

A análise numérica é conduzida usando as equações de Navier-Stokes (RANS) com média de Reynolds, que incluem o modelo de turbulência k-ε padrão. A simulação é realizada para um cenário de fluxo tridimensional, estacionário, incompressível e turbulento [101].

As equações envolvidas são:

Equação de continuidade:

$$\rho\nabla.(u) = 0 \dots 3.3$$

Equação do Momento:

$$\rho(u.\nabla)u = \nabla.\left[-\text{pI}\right] + (\mu + \mu_t)\,\nabla u + (\nabla u)^t - \frac{2}{3}\rho k I + F]\dots3.4$$

onde$\mu_t = \rho C_\mu \dfrac{k^2}{\varepsilon}$

Equação de Energia:

$$\rho C_p u. \nabla T = -\nabla.\,(k\nabla T) + Q \dots 3.5$$

onde **u** é o componente da velocidade no domínio computacional, μ é a viscosidade dinâmica, μ $_t$ é a viscosidade turbulenta devido a flutuações de velocidade, ρ é a densidade do fluido, **p** é o campo de pressão do fluido e **F** é o campo de força de volume. No modelo de turbulência k-ε padrão, a interface física é definida por duas variáveis dependentes: energia cinética turbulenta (k) e taxa de dissipação turbulenta (ε). Equação da energia cinética turbulenta (k):

$$\rho(u.\nabla)k = \nabla.\left[\left(\mu + \frac{\mu_t}{\sigma_k}\right)\nabla k\right] + P_k - \rho\varepsilon \dots 3.6$$

Equação de dissipação (ε):

$$\rho(\mu.\nabla)\varepsilon = \nabla.\left[\left(\mu + \frac{\mu_t}{\sigma_\varepsilon}\right)\nabla\varepsilon\right] + Ce_1\frac{\varepsilon}{k}P_k - Ce_2\rho\frac{\varepsilon^2}{k} \dots 3.7$$

onde,

$$P_k = \mu_T[\nabla u : (\mu + \nabla\mu_t)] + \frac{2}{3}\rho k\nabla.u$$

C_μ=0,09 $\sigma_k = 1$ σ_ε=1,3 Ce_1=1,44 Ce_2=1,92

onde C $_\mu$, $\sigma_k, \sigma_\varepsilon,$ Ce_1 e Ce_2 são algumas constantes ajustáveis do modelo k ε.

3.3.5 Condições Limites

As entradas de fluxo principal e de refrigerante são definidas como entradas de velocidade, onde as velocidades de fluxo são especificadas. A saída é definida como saída de pressão. A velocidade de entrada do fluxo principal é mantida constante em

U $_\infty$ = 50 m/s. Porém, para o fluxo do refrigerante, a velocidade de entrada U $_c$ é calculada com base nas relações de sopro (BR) consideradas no estudo. A parte inferior da placa de efusão é tratada como uma entrada de velocidade e o fluido refrigerante é injetado através dos orifícios de efusão diretamente no duto principal. Em todos os casos, as temperaturas de entrada do fluxo principal e do fluxo do refrigerante são definidas em T $_\infty$ = 350K e T $_c$ = 300K, respectivamente, resultando em uma razão de densidade unitária (DR). Para garantir contribuições insignificantes de condução e resfriamento interno dentro dos orifícios de efusão, a condutividade térmica (k) da placa de efusão é ajustada para 0,27 W/ mK , justificando assim as condições adiabáticas. Além disso, uma intensidade de turbulência de 5% é especificada tanto no fluxo principal quanto nas entradas do fluxo de refrigerante, o que é essencial para simular com precisão o comportamento do fluxo turbulento . Todas as paredes do domínio estão sujeitas a condições de não deslizamento, exceto a interface entre a placa de efusão e o fluxo principal. Devido à simetria da estrutura do furo de efusão na superfície da placa, apenas um pequeno segmento simétrico entre as duas linhas de linhas (duas vezes a distância S $_y$) é selecionado para fins de cálculo, como mostrado na Figura 3.3. Os planos de simetria são aplicados na direção normal (Z) para todo o domínio de computação. As propriedades do ar, como viscosidade dinâmica, proporção de calores específicos e capacidade térmica a pressão constante, dependem da temperatura. Uma lista abrangente dos parâmetros geométricos e de fluxo utilizados no estudo é apresentada na Tabela 3.1.

Tabela 3.1 Condições de contorno do domínio computacional

Condições de limite de superfície
Entrada principal Entrada de velocidade

Entrada de refrigerante Entrada de velocidade

Placa de teste Parede adiabática

Saída principal Saída de pressão

Lados da parede de fluxo principal com simetria

Parede do furo de refrigeração Parede com simetria

3.4 Geometria da Rampa Montante

Para identificar o efeito da rampa a montante no esquema de resfriamento por efusão,
as investigações são realizadas em uma placa plana com e sem a rampa a montante em
várias taxas de sopro BR= 0,25, 0,5 1, 3,2 e 5,0. A rampa a montante está localizada a
uma distância de 1d da primeira linha de efusão

furos de resfriamento com comprimento de 2d. Três ângulos de rampa $\alpha 1 = 14°$, $24°$ e
$34°$ são usados para uma rampa a montante. O esquema da rampa a montante é mostrado
na Figura 3.6. A Figura 3.7 apresenta uma vista superior representando a inclusão de
buracos de efusão a montante à frente da fileira inicial.

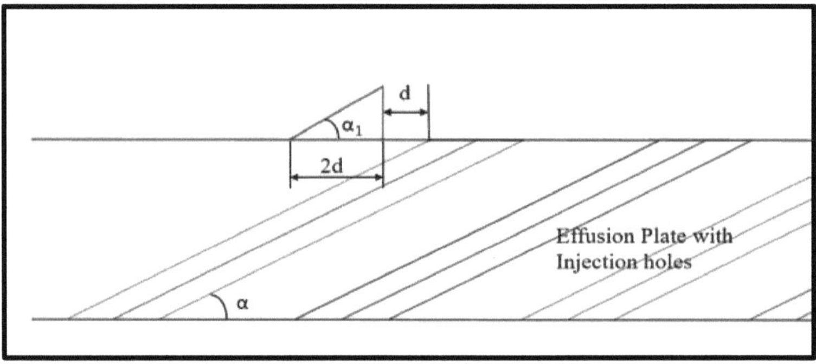

Figura 3.6 Diagrama esquemático de uma rampa a montante

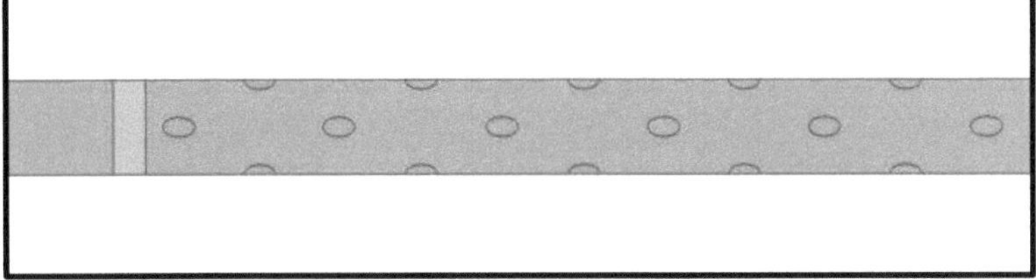

Figura 3.7 Vista superior da placa de teste de efusão com rampa a montante

3.5 Geometria de furos modelados

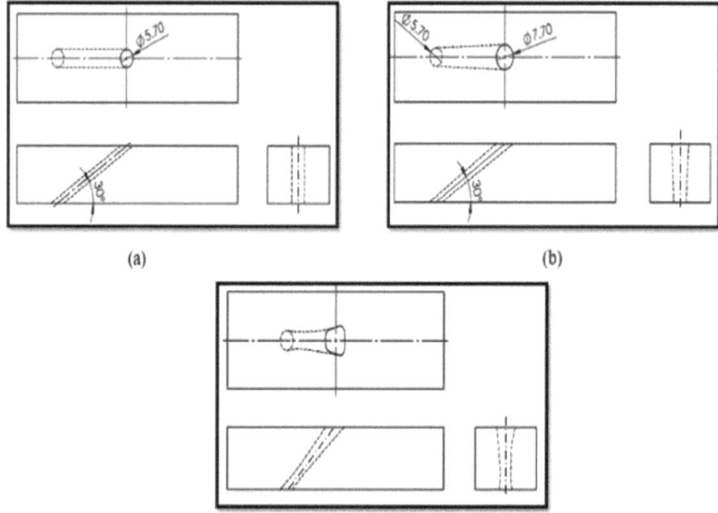

Figura 3.8 Esboço do mapa de diferentes geometrias de furos (a) furos cilíndricos (b) furos cônicos (c) furos em forma de leque .

Na Figura 3.8, três geometrias de furos diferentes: cilíndrica, cônica e em forma de leque são mostradas sendo usadas para fins de injeção de resfriamento. A geometria do furo cilíndrico utilizada nesta figura é consistente com a apresentação e descrição fornecida na seção 3.3. Os furos em formato cônico e em leque possuem uma saída expandida de 10 ° na direção X. No entanto, as entradas dos furos em formato cônico e em leque são iguais ao diâmetro d, igual ao dos furos cilíndricos.

3.6 Definição de parâmetros e redução de dados

A taxa de sopro é um parâmetro crucial neste estudo, pois determina o impacto da velocidade do fluxo do refrigerante no desempenho do resfriamento por efusão, mantendo o fluxo principal constante. A taxa de sopro é definida como a razão entre o fluxo de massa do refrigerante e a taxa de fluxo de massa principal.

$$\mathrm{BR} = \frac{\rho_c U_c}{\rho_\infty U_\infty} \qquad \dots 3.8$$

ρ_c e U_c são a densidade e a velocidade do fluxo do refrigerante na saída do orifício de efusão, respectivamente, e ρ_∞ e U_∞ são a densidade e a velocidade do fluxo principal. Os BR usados nesses estudos são 0,25, 1,0 e 3,2.

A relação de densidade é definida como a razão entre a densidade do fluxo do refrigerante e a densidade do fluxo principal

$$\mathrm{DR} = \frac{\rho_c}{\rho_\infty} \qquad \dots 3.9$$

O desempenho do resfriamento por efusão é medido pelo termo eficácia adiabática (η) e isso

temperatura não adimensional é definida como

$$\eta = \frac{T_\infty - T_{aw}(x,y)}{T_\infty - T_c} \qquad \dots 3.10$$

Aqui T_∞ e T_{aw} T_c representam as temperaturas do fluxo principal, o fluxo do refrigerante e a temperatura da parede na placa de efusão, respectivamente. O valor mais alto η indica que a temperatura da parede na superfície da placa de efusão é baixa e reduzida a um objetivo desejável. O valor baixo

de indica η resfriamento inadequado . A coordenada espacial x é medida na direção do fluxo e y na direção do vão.

O desempenho de resfriamento é avaliado com a eficiência adiabática média da área ($\bar{\eta}$) calculada sobre a região de efusão na parede.

$$\bar{\eta} = \frac{1}{X}\frac{1}{Y} \int_0^X \int_0^Y \eta \, dy dx \qquad \qquad \text{....3.1}$$

Capítulo 4

RESULTADOS COMPUTACIONAIS: EFEITO DA RAMPA UPSTREAM

O objetivo principal desta pesquisa é aumentar a eficácia adiabática e reduzir a temperatura das paredes das camisas das câmaras de combustão através da implementação de um sistema de refrigeração adequado. Nesta seção, são apresentados os resultados computacionais que ilustram a eficácia adiabática ao longo da linha central e a eficácia adiabática média sobre a superfície dos revestimentos da câmara de combustão. Esses resultados foram obtidos utilizando um sistema de resfriamento por efusão em um motor de turbina a gás.

Resultados numéricos são apresentados para examinar o impacto da colocação de uma rampa a montante antes da primeira fileira de orifícios de efusão. Os resultados para três diferentes ângulos de rampa são apresentados separadamente, permitindo uma análise abrangente de suas influências individuais no desempenho do resfriamento por efusão. O número de Reynolds do ar varia de 6150 a 15300. O presente trabalho é baseado em um estudo completo de independência da rede. A grade é refinada até que nenhuma mudança significativa nos valores seja observada numericamente. Os resultados mostram que a eficácia adiabática aumenta com o aumento da taxa de sopro e dos ângulos de rampa. A eficácia adiabática da linha central e a eficácia adiabática média da área são plotadas para diferentes ângulos de rampa em diferentes taxas de sopro. A comparação também é feita com a geometria da linha de base, ou seja, sem colocar

uma rampa a montante. O campo de fluxo de velocidade na seção de teste é estudado para a compreensão do mecanismo de fluxo de fluido na superfície de efusão.

4.1 Validação do Modelo

Para validar os resultados da presente simulação, alguns testes de validação foram realizados para medir a eficácia adiabática da linha central (η_{CL}) para o esquema de resfriamento por efusão. O presente

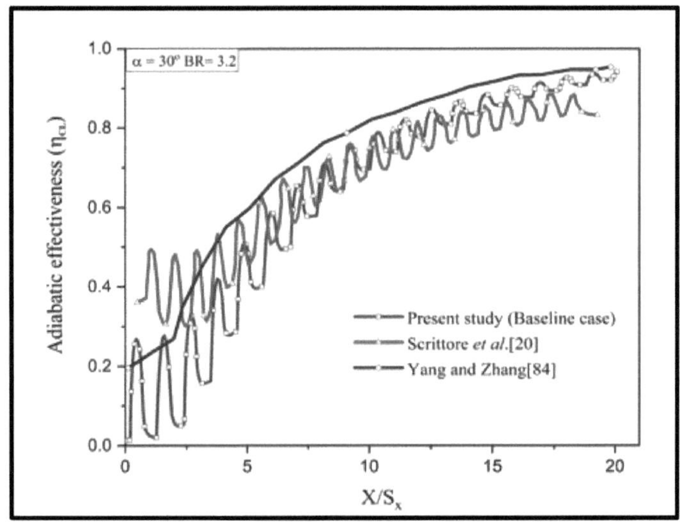

Figura 4.1 Comparação da eficácia adiabática da linha central dos resultados computacionais com resultados experimentais [20] [84] para BR= 5,0 e α= 30 °

os resultados computacionais são comparados com resultados experimentais de Scrittore et al. [20] e Yang e Zang [84]. No estudo, os parâmetros de vazão e geométricos são rigorosamente seguidos [20]. A Figura 4.1 mostra a comparação da eficácia adiabática da linha central com resultados experimentais [20] [84] para BR= 3,2 e α= 30 ° . Os resultados mostram boa concordância, exceto para as primeiras fileiras de furos (X/ S_x > 3), o que pode ser devido ao erro assumido na aproximação adiabática em

a placa plana de efusão. As pequenas variações entre os resultados experimentais e computacionais surgem devido ao fato de que durante a experimentação é impossível alcançar condições perfeitamente adiabáticas. O erro percentual entre os resultados experimentais [20] e os resultados computacionais atuais é de 5,3%, o que está dentro do limite permitido.

Tabela 4.1 Lista de todas as combinações possíveis realizadas no presente estudo

Parameter S. Não	Ângulo de injeção (α)	Modelos upstream com ângulos de rampa (α1)	Taxas de sopro (BR)
1	30 horas	Caso de linha de base (sem rampa upstream)	0,25
			0,5
		Rampa montante com 14 °	1,0
		Rampa montante com 24 °	3.2
		Rampa montante com 34 °	5,0

2	60°	Modelo de linha de base (sem rampa upstream)	0,25
			0,5
		Rampa montante com 14 °	1,0
		Rampa montante com 24 °	3.2
		Rampa montante com 34 °	5,0

4.2 Mecanismo para melhoria do resfriamento por efusão por rampa a montante

O fluxo atrás de um degrau voltado para trás da rampa tem sido extensivamente estudado com resultados promissores na maioria das circunstâncias na transferência de calor e dinâmica de fluidos envolvendo estudos de combustão. A Figura 4.2 mostra o esquema do padrão de fluxo atrás da rampa a montante. O fluxo de fluido é impactado por uma camada de cisalhamento altamente turbulenta separada da ponta da rampa com uma zona de recirculação formada atrás da face posterior da rampa. À medida que a camada de cisalhamento separada aumenta na direção do fluxo e se fixa à superfície, a área da região de recirculação atrás da rampa diminui. Sob condições de fluxo totalmente turbulento, a distância de recolocação é de 5 a 7 vezes a altura do degrau voltado para trás da rampa, conforme mostrado na Figura 4.23. Na presente geometria, a primeira fileira de furos de efusão é colocada a uma distância de 1d da rampa, o que faz com que o campo de fluxo separado varie devido à altura da rampa e à injeção do fluxo de refrigerante, principalmente na região de recirculação. Com a injeção de refrigerante, o fluxo na região não será mais bidimensional porque a interação entre a injeção do fluxo de refrigerante e o fluxo da região de recirculação gera camadas de cisalhamento adicionais com alto nível de turbulência. Sob tais condições, o fluxo de fluido apresenta uma distribuição mais lateral sobre a superfície.

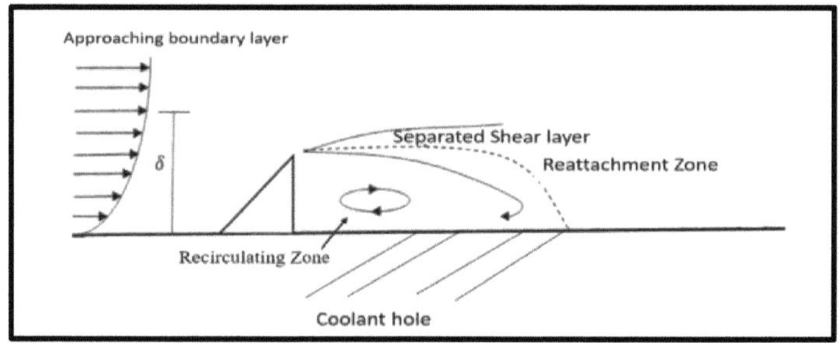

Figura 4.2 Esquema do padrão de fluxo em uma rampa a montante

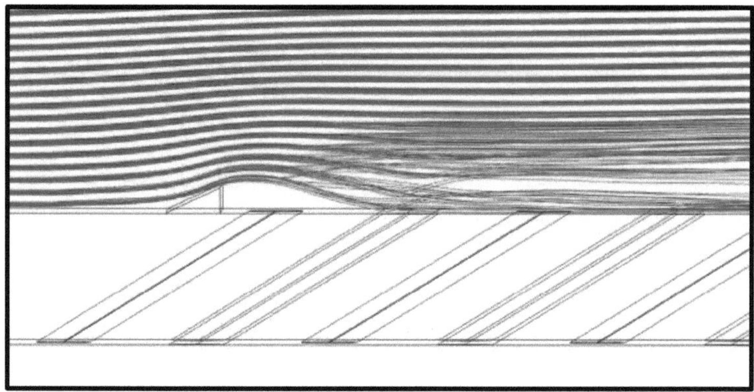

Figura 4.3 Zona de recolocação das linhas de corrente de velocidade atrás da rampa voltada para trás

4.3 Efeito do ângulo de injeção na eficácia adiabática

A Figura 4.4 mostra a comparação da eficácia adiabática da linha central para diferentes ângulos de injeção (α) de 30 $^\circ$ e 60 $^\circ$ para BR= 0,25. A Figura 4.4 mostra que o ângulo de injeção de 30° proporciona 19% mais eficácia do que o ângulo de 60°. Este fenômeno ocorre porque ângulos mais rasos permitem que o fluxo do refrigerante permaneça mais próximo da superfície por períodos mais longos em comparação com ângulos mais íngremes. A presença de refrigerante protege eficazmente a superfície

70

da exposição direta a gases quentes. Mas em ângulos de injeção mais elevados, o jato

de refrigerante penetra mais profundamente no fluxo principal, melhorando a mistura

cruzada entre o refrigerante e os fluxos principais. Consequentemente, nestes ângulos

mais elevados, os gases quentes podem atingir a superfície diminuindo a eficácia do

processo de arrefecimento, conforme mostrado na Figura 4.5.

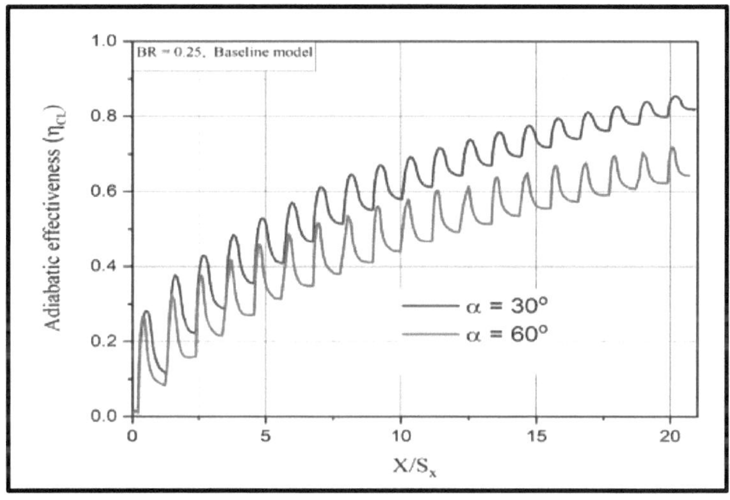

Figura 4.4 Comparação da eficácia adiabática da linha central para diferentes ângulos
de injeção em BR = 0,25

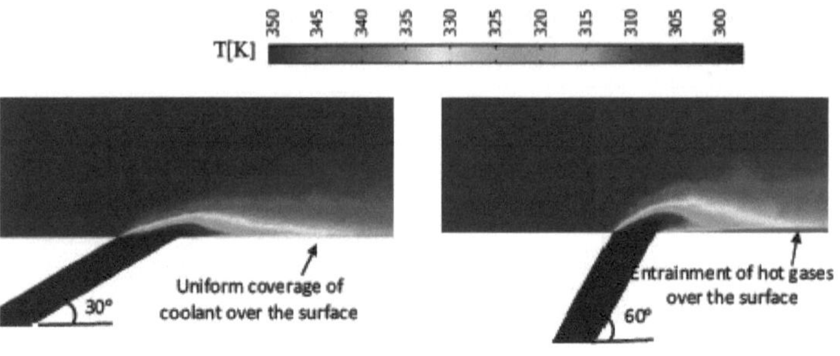

Figura 4.5 Contornos de temperatura sobre a superfície de efusão em BR = 0,25 para
ângulo de injeção em (a) α = 30 ° e (b) α = ângulo de 60 °

4.4 Efeito da taxa de sopro na eficácia adiabática

A eficácia adiabática da linha central para furos cilíndricos em BRs 0,25, 1,0 e 3,2 para

ângulo de injeção (α) 30 ° é mostrada na Figura 4.6. A figura mostra que o BR impacta

significativamente a eficiência adiabática do resfriamento por efusão. O pico de

eficácia adiabática parece oscilar cada vez mais da primeira fileira de orifícios de

efusão até a última fileira de orifícios de efusão para todas as proporções de sopro. Isto

se deve à medição realizada na placa de efusão, incluindo os orifícios de refrigeração.

A eficácia adiabática é alta para um BR baixo até X/d=7. Depois disso, os valores

diminuem em comparação com BR s elevados, e comportamento oposto é observado

para BR s elevados. A velocidade do refrigerante é menor que a velocidade principal

em BR s baixos e é maior em BR s altos. Observe que, para taxas de sopro baixas, espera-se uma baixa vazão mássica do refrigerante a partir dos orifícios de injeção e uma vazão mássica alta do refrigerante em BR alto . No entanto, o desempenho geral de cada furo moldado individual aumenta à medida que a taxa de sopro aumenta.

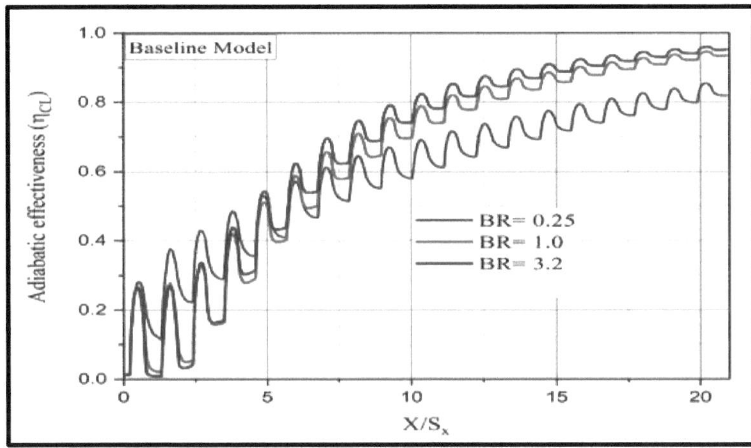

Figura 4.6 Comparação da eficácia adiabática da linha central para furos cilíndricos com taxas de sopro de 0,25, 1,0 e 3,2.

Como resultado, o jato de refrigerante permanece mais próximo da superfície para baixo BR sem penetrar no fluxo principal e evita que os gases quentes atinjam a superfície. Por esta razão, as filas iniciais logo a jusante dos furos de refrigeração (X/d>5) são mais eficazes do que as últimas a jusante. Avançando mais a jusante, a eficácia adiabática diminui em comparação com o alto BR . Porque os gases quentes dominam o baixo fluxo de massa do refrigerante e a alta advecção dos gases quentes faz com que o ar quente seja atraído para mais perto da superfície. Com a diminuição da massa do fluido refrigerante dos orifícios de efusão, uma fina película de ar refrigerante se formará sobre a superfície, como visto na Figura 4.7 (a) e (b), que será incapaz de proteger a superfície dos gases quentes, levando a uma queda na eficiência adiabática. .

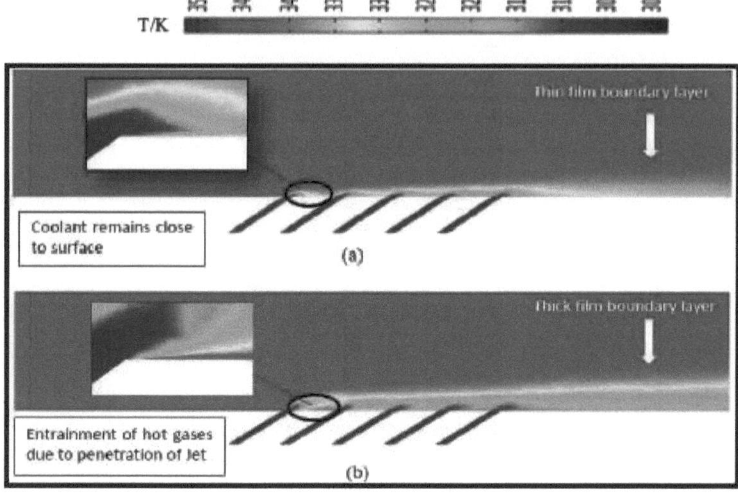

Figura 4.7 Penetração do jato de refrigerante no plano XZ para (a) Baixa taxa de sopro 0,25 (b) Alta taxa de sopro 3,2

Em BRs mais elevados , o jato de refrigerante penetra no fluxo principal para os primeiros furos, o que arrasta os gases quentes para mais perto da superfície. A jusante na região após (X/d>5), uma espessa camada limite de fluido refrigerante é formada sobre a superfície devido ao efeito de superposição das taxas de fluxo de massa através dos orifícios de efusão, como visto na Figura 4.7. A eficácia adiabática é alta para BRs elevados na região a jusante.

4.5 Aumento da eficácia adiabática por meio de uma rampa a montante

Esta seção discute o efeito de diferentes taxas de sopro, parâmetros geométricos, ângulos de rampa em termos de eficácia adiabática e perfis de velocidade para a câmara de combustão do revestimento. A eficácia adiabática é um parâmetro importante para a avaliação de desempenho do sistema de refrigeração. A Figura 4.8, Figura 4.9 e Figura 4.10 mostram os contornos de temperatura T na placa de efusão na parede do lado quente para taxas de sopro 0,25, 1,0 e 5,0 para todos os diferentes modelos de ângulo de rampa. Os contornos de temperatura nas três figuras correspondem a baixa taxa de sopro (BR = 0,25, taxa de sopro intermediária (BR = 1,0 e alta taxa de sopro BR = 5,0 em baixo ângulo de injeção (α) = 30 °.

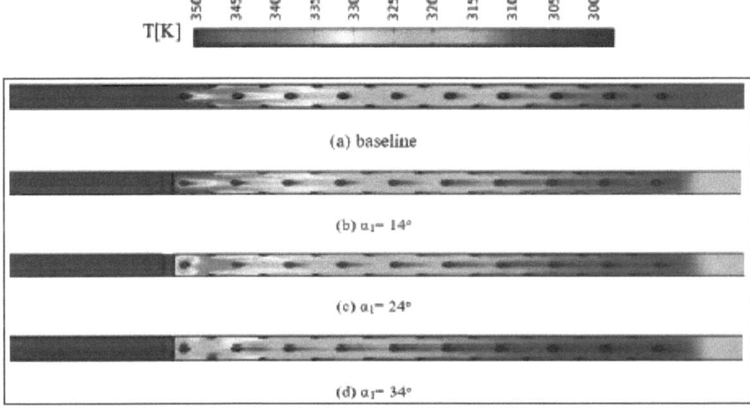

Figura 4.8 Contornos de temperatura da superfície de efusão no plano XY para ângulo de injeção α= 30 °, BR= 0,25 em (a) modelo de linha de base (b) 14 °(c) 24 ° (d) 34 °

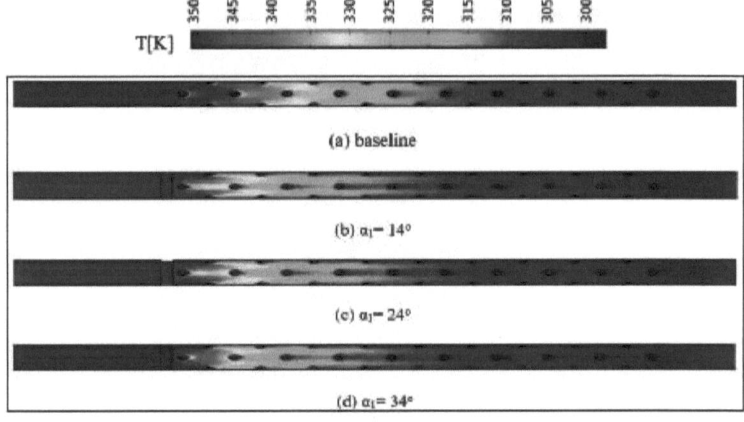

Figura 4.9 Contornos de temperatura da superfície de efusão no plano XY para ângulo de injeção α= 30 °, BR= 1,0 em (a) modelo de linha de base (b) 14 °(c) 24 ° (d) 34 °

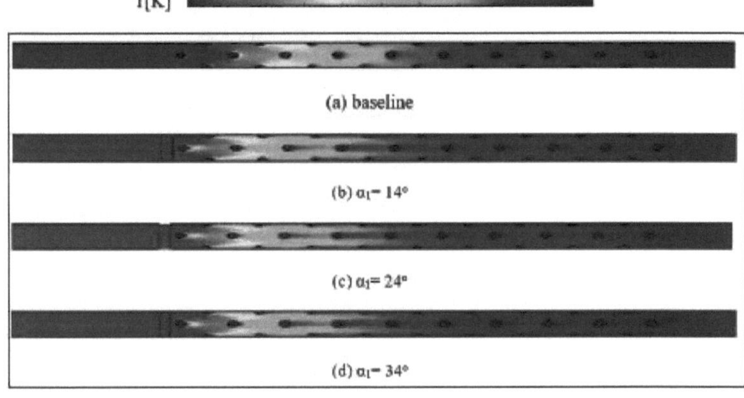

Figura 4.10 Contornos de temperatura da superfície de efusão no plano XY para ângulo de injeção α= 30 °, BR= 5,0 em (a) modelo de linha de base (b) 14 °(c) 24 ° (d) 34 °

Os gráficos dos contornos de temperatura mostram variações significativas para todas as relações de sopro. Como a velocidade do refrigerante é baixa em taxas de sopro baixas, o jato do refrigerante permanece próximo à superfície da parede sem interferir na corrente principal. Isto é evidenciado pela presença de baixos valores de temperatura na região inicial (primeiras fileiras) dos orifícios de efusão conforme mostrado na Figura 4.11. Com o aumento nas taxas de sopro, o refrigerante começa a penetrar na corrente principal, conforme mostrado na Figura 4.12. Isso faz com que gases quentes atinjam a superfície e é indicado pelos altos valores de temperatura visíveis nas regiões iniciais. A jusante da direção de fluxo, as temperaturas da parede na superfície diminuem devido ao efeito de superposição de altas taxas de fluxo de massa de refrigerante para alto BR. Por outro lado, em valores de BR mais baixos, como 0,25, as temperaturas da parede aumentam devido ao fluxo inadequado de refrigerante, permitindo gases quentes do fluxo principal. fluir para dominar e aquecer a superfície.

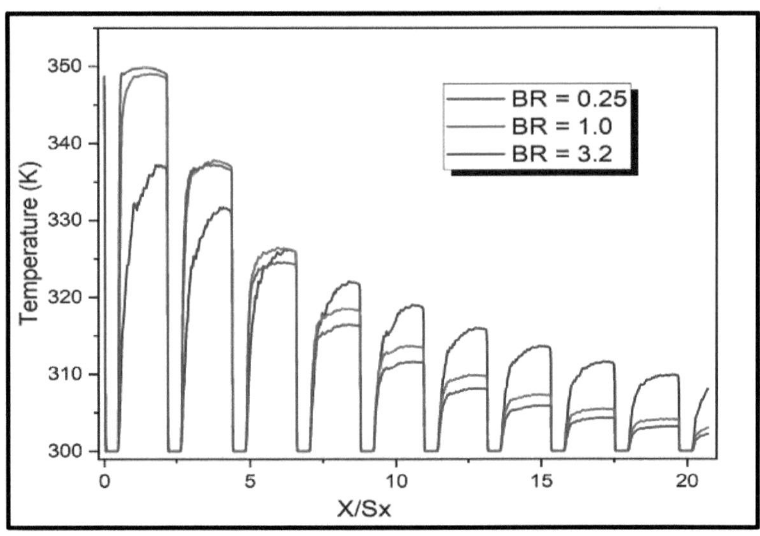

Figura 4.11 Distribuição da temperatura da parede ao longo da direção do fluxo na linha central da superfície de efusão para BR = 0,25, 1,0 e 3,2 em $\alpha = 30\,^{\circ}$.

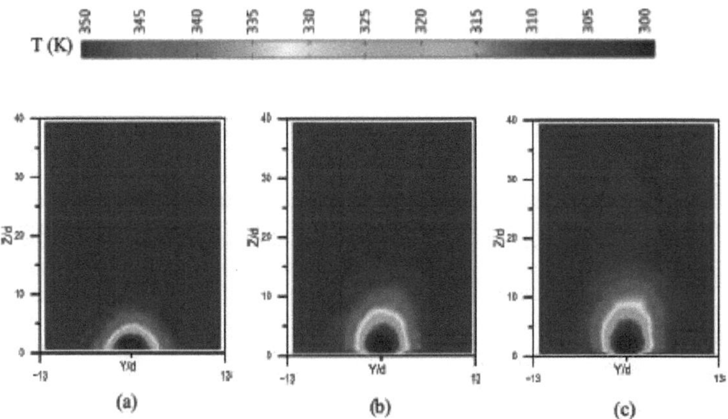

Figura 4.12 Plano de corte mostrando a penetração do refrigerante na 1ª fileira de furos de efusão para (a) BR = 0,25 e (b) = BR = 3,2 no ângulo de injeção α = 30 º

4.5.1 Efeito da rampa a montante na eficácia adiabática η_{CL} da linha central ( )

Vários ângulos de rampa (α₁) de 14°, 24° e 34° são examinados na investigação. O efeito da rampa é apreciável como se pode verificar pela comparação com o caso de referência (correspondente a um caso sem rampa). A Figura 4.13 e a Figura 4.14 mostram a distribuição de eficácia adiabática na linha central da placa de efusão para vários ângulos de rampa (α₁) em várias taxas de sopro. À medida que o jato de refrigerante é injetado sobre a superfície e interage com o fluxo principal, os picos oscilantes locais ocorrem em cada curva. Da Figura 4.13 (a) e 4.14 (a) para o caso de linha de base, a eficácia adiabática é alta para o inicial (primeiras fileiras de furos) para baixo BR e depois diminui na direção descendente do fluxo. Ao contrário destes, valores baixos de eficácia adiabática são observados em BR elevado = 5,0 para ambos os casos de referência. Isto ocorre porque para baixo BR, a velocidade do jato de refrigerante é muito baixa em comparação com a velocidade do fluxo principal, o que faz com que a força de pressão de aproximação da camada limite do fluxo principal dobre o jato de refrigerante em direção à superfície de efusão. Como resultado, o refrigerante adere à superfície na região inicial (primeiros furos) causando assim um aumento na eficácia adiabática. Na região a jusante, uma fina película de camada de refrigerante é formada na superfície, diminuindo assim a eficácia adiabática pela injeção de baixo fluxo de refrigerante, como mostrado na Figura 4.16. Tendências semelhantes são observadas colocando uma rampa a montante. A eficácia adiabática aumenta à medida que o ângulo da rampa (altura da rampa) aumenta e uma alta eficácia pode ser observada perto das primeiras fileiras de furos para cada ângulo de rampa. A eficiência adiabática no sentido de fluxo melhorou para todas as taxas de sopro devido à colocação de uma rampa a montante em baixo BR, permitindo que gases quentes entrem em contato com a superfície.

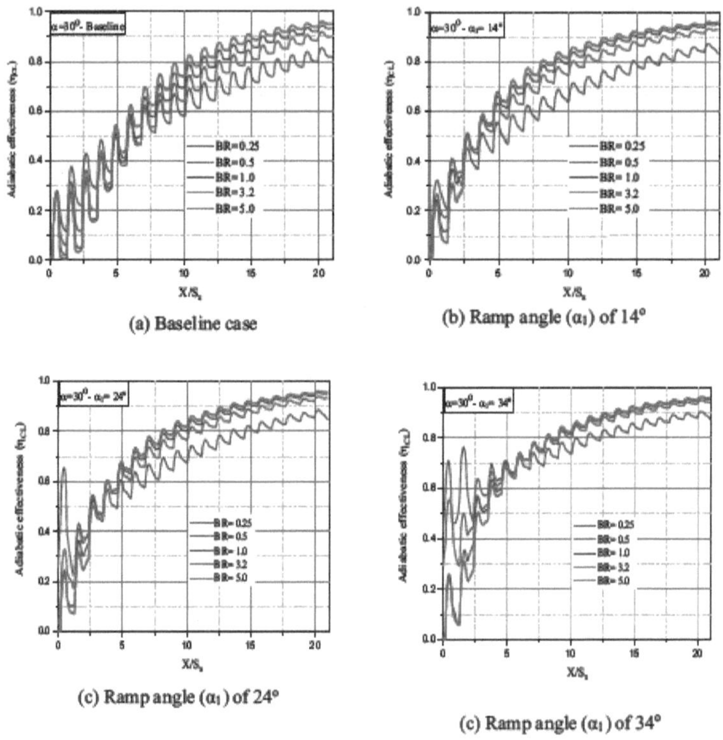

Figura 4.13 Comparação da eficácia adiabática da linha central para diferentes ângulos de rampa (α1) no ângulo de injeção de 30o

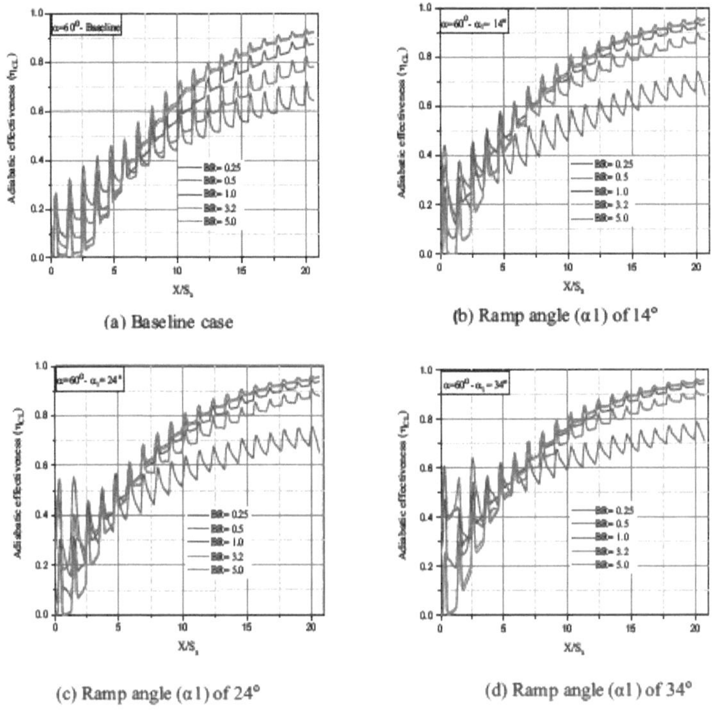

Figura 4.14 Comparação da eficácia adiabática da linha central para diferentes ângulos de rampa (α_1) no ângulo de injeção de 60 °.

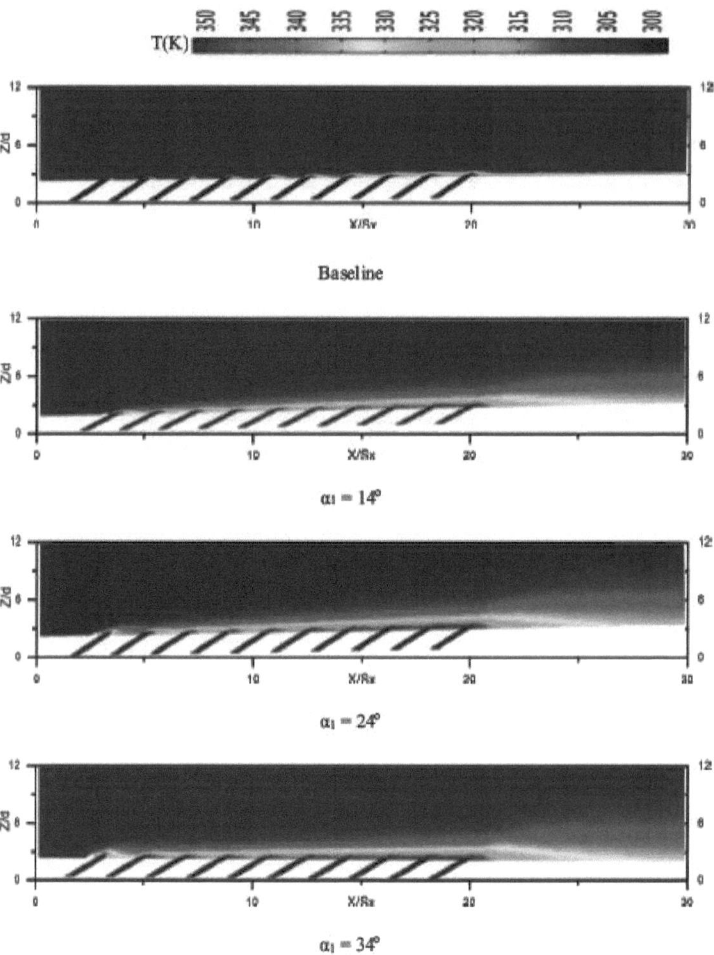

Figura 4.15 Contornos de temperatura da superfície de efusão no plano XZ para ângulo de injeção α= 30 ° em ângulos de rampa (α 1) de 14 °, 24 ° e 34 °para BR=0,25

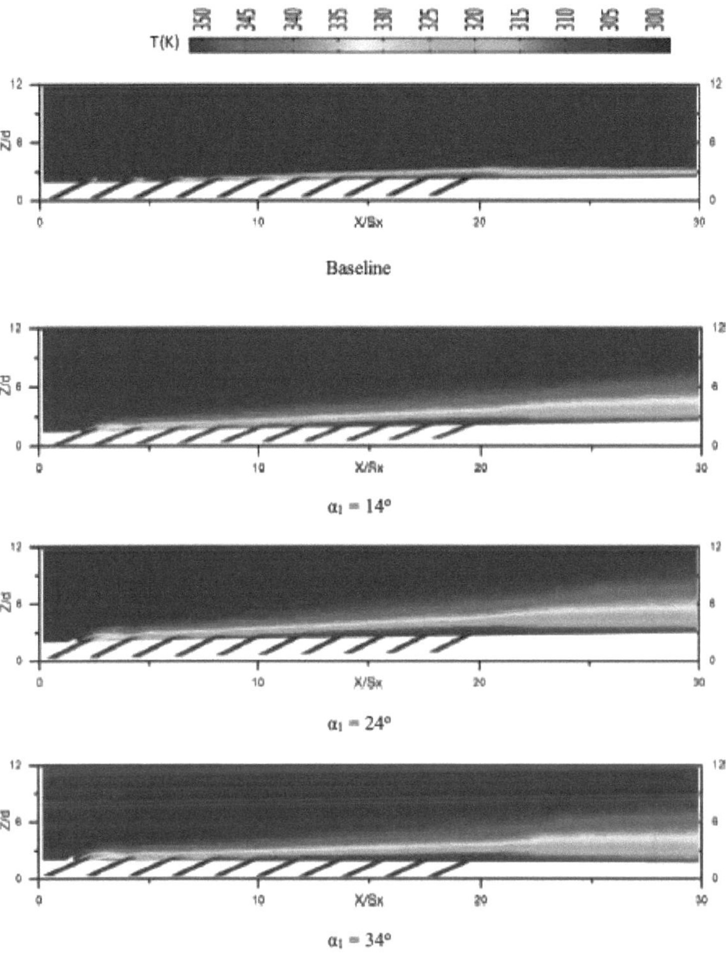

Figura 4.16 Contornos de temperatura da superfície de efusão no plano XZ para ângulo de injeção α= 30 ° em ângulos de rampa (α ₁) de 14 °, 24 ° e 34 ° para BR = 3,2

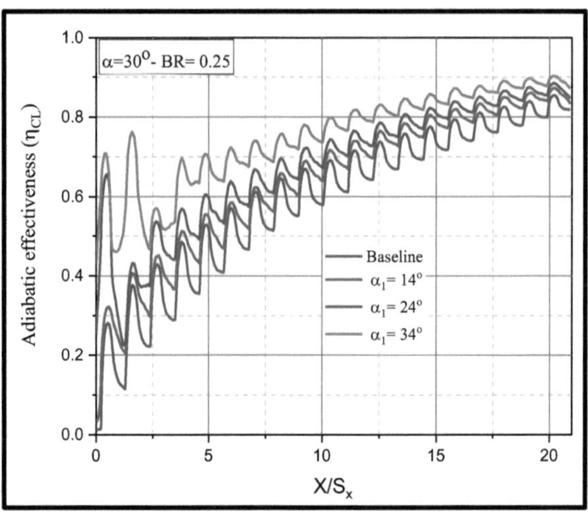

Figura 4.17 Comparação da eficácia adiabática da linha central para diferentes ângulos de rampa no ângulo de injeção (α) = 30 º em BR = 0,25.

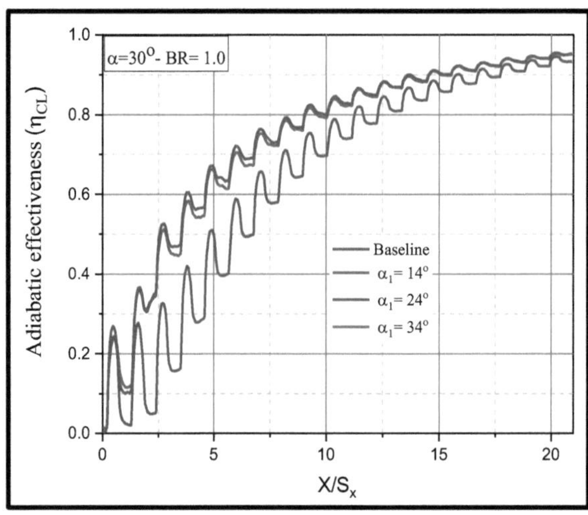

Figura 4.18 Comparação da eficácia adiabática da linha central para diferentes ângulos de rampa no ângulo de injeção (α) = 30 º em BR= 1,0

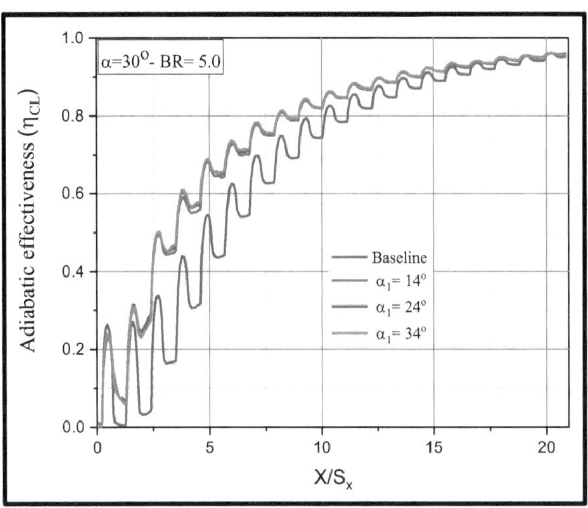

Figura 4.19 Comparação da eficácia adiabática da linha central para diferentes ângulos de rampa no ângulo de injeção (α) = 30 ° em BR= 3,2

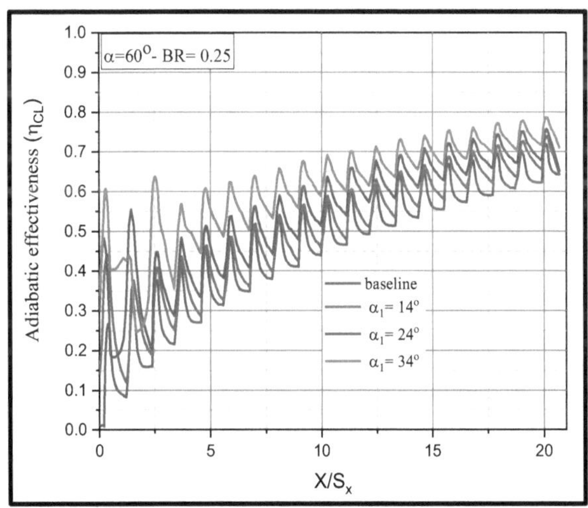

Figura 4.20 Comparação da eficácia adiabática da linha central para diferentes ângulos de rampa no ângulo de injeção (α) = 60 ° para BR = 0,25.

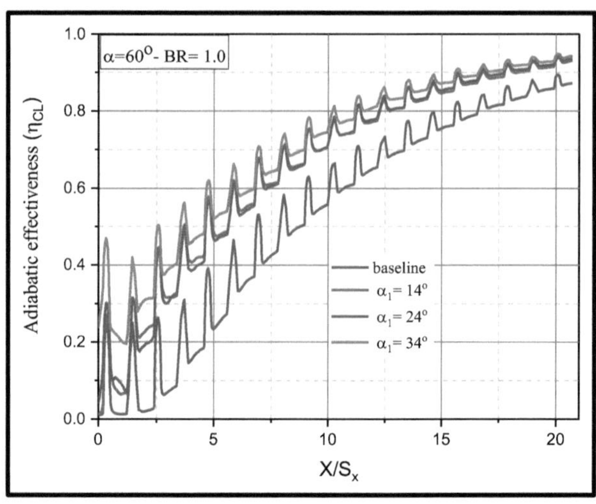

Figura 4.21 Comparação da eficácia adiabática da linha central para diferentes ângulos de rampa no ângulo de injeção (α) = 60 ° para BR= 1,0.

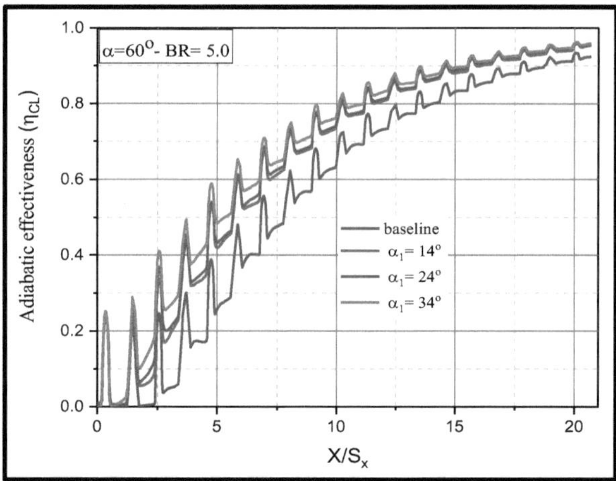

Figura 4.22 Comparação da eficácia adiabática da linha central para diferentes ângulos de rampa no ângulo de injeção (α) = 60 ° para BR= 3,2

A Figura 4.13 (b) e 4.14 (b) mostra a comparação da eficácia adiabática em ângulos de rampa (α1) de 14 ° para dois ângulos de injeção diferentes (α) de 30 ° e 60 ° respectivamente. As Figuras mostram um rápido aumento na eficácia adiabática na região X/ S$_x$=0 a X/ S$_x$=5 em comparação com o caso de referência (Figura 4.13 (a) e Figura 4.14 (a)). Isto se deve ao arrastamento do jato de refrigerante a jusante da etapa voltada para trás da rampa pelo fluxo recirculado na zona de cisalhamento separada. Para BR baixo, a propagação lateral do jato de refrigerante aumenta nesta região, pois o jato de refrigerante não tem impulso suficiente para penetrar e interagir com o fluxo principal. Devido à alta velocidade do refrigerante em alto BR, o jato penetra no fluxo principal, permitindo que os gases quentes alcancem a superfície e resulta em diminuição da eficácia. Mas após a região X/ S$_x$=5 a eficácia adiabática aumenta para BR alto, como discutido anteriormente. Um aumento exponencial na eficiência adiabática é observado na Figura 4.13 (c) e Figura 4.14 (d) para ângulos de rampa 24 ° e 34 °. À medida que os ângulos da rampa (ou altura da rampa) aumentam, a zona de recolocação se expande, coincidindo com a expansão da camada de cisalhamento separada, conforme demonstrado na Figura 4.23. A cor azul indica a dispersão lateral do líquido refrigerante na zona de recolocação. O espalhamento lateral do refrigerante é alto para baixo BR na área de recirculação e reduz ligeiramente para alto BR. A Figura 4.16 mostra os contornos da temperatura superficial no plano XZ para ângulo de injeção (α) = 30 ° em ângulos de rampa (α1) de 14 °, 24 ° e 34 ° para diferentes BR de 0,25 e 5,0. Com o aumento do BR, a decolagem do jato de refrigerante aumenta, levando a uma diminuição na região inicial (primeiros furos).

Na região a jusante, devido à alta vazão mássica do refrigerante, forma-se uma espessa camada de refrigerante, proporcionando melhor proteção térmica nesta zona.

As variações na eficácia adiabática da linha central para taxas de sopro de 0,25, 1 e 5,0 com rampas a montante e linha de base para ângulo de injeção (α)=30 ° são mostradas na Figura 4.17, Figura 4.18 e Figura 4.19. A Figura 17 mostra grandes variações na eficácia entre os casos de linha de base e de rampa a montante no baixo BR. À medida que o ângulo de rampa aumenta, a eficácia adiabática aumenta ao longo da superfície de efusão, e uma grande variação na eficácia adiabática com a linha de base é observada nas primeiras fileiras de furos para o BR 0,25 em comparação com uma pequena variação para o BR 1,0 intermediário. No entanto, pequenas variações são observadas devido às rampas e ao aumento na altura das rampas. A eficácia adiabática nos buracos da primeira fila é reduzida em comparação com o BR baixo. Para alto BR 5.0, a eficácia adiabática global aumenta na direção descendente para todos os ângulos de rampa e o aumento exponencial na eficácia adiabática nos furos frontais desaparece devido à interação do fluxo principal e dos jatos de refrigeração. A variação na eficácia adiabática devido às rampas é quase a mesma. O mesmo comportamento é observado para ângulos de injeção (α) = 60 ° conforme Figura 4.20, Figura 4.21 e Figura 4.22. Observa-se na Figura 4.17 para BR= 0,25 no ângulo de injeção (α) = 30 ° na região X/S_x =0 a X/S_x =5 a efetividade adiabática apresenta um aumento de 20%, 55% e 83% para os ângulos de rampa 14°, 24° e 34°, respectivamente, em comparação com o modelo de linha de base. Para a região a jusante para X/S_x =5 a X/S_x =20 a eficácia aumenta em 6%, 10% e 15% respectivamente para todos os ângulos de rampa. Esta é uma indicação clara de que a colocação de rampa a montante aumenta a eficácia na região inicial. Os aumentos correspondentes na eficácia adiabática em alto BR = 3,2 são 34%, 42% e 46% na região X/ Sx =0 a X/ Sx =5 e 4%, 6% e 6% na região entre X/ Sx =5 a X/ Sx =20. O aumento da eficácia é relativo aos casos de base para BR = 3,2. Da mesma forma, a Figura 4.20 , Figura 4.21 e Figura 4.22 mostram a comparação da eficácia adiabática da linha central para diferentes ângulos de rampa no ângulo de injeção (α) de 60 °.

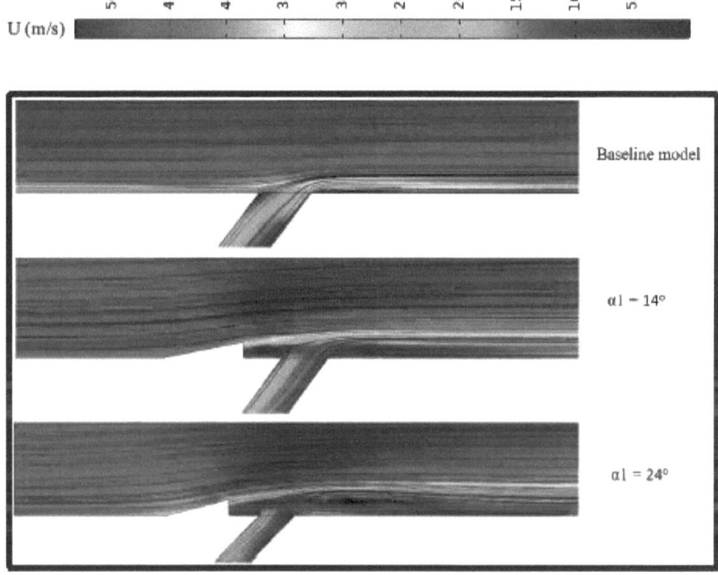

Figura 4.23 Distribuição de velocidade aerodinâmica no plano XZ para linha de base, 14 ° e 24 ° em BR = 0,25

4.5.2 Eficácia adiabática média por área ($\bar{\eta}$)

A Figura 4.24 mostra a relação entre as taxas de sopro e a efetividade adiabática média da área ($\bar{\eta}$) medida na linha central da placa de efusão para ambos os ângulos de injeção de (α) de 30 ° e 60 °. A Figura 4.24 (a) mostra que, para o caso de linha de base, a efetividade adiabática média da área ($\bar{\eta}$) eventualmente aumenta para todos os BRs, e o mesmo comportamento é observado para uma rampa a montante de (α1) = 14 °. Aumentando ainda mais o ângulo da rampa (altura da rampa), ou seja, para 24 ° e 34 °, os valores da efetividade adiabática média da área aumentam à medida que o BR aumenta de 0,25 para 0,5. A eficácia média da área diminui ligeiramente ou é quase constante com o aumento da

BR de 0,25 a 0,5. Em BR baixo = 0,25, a efetividade adiabática média da área ($\bar{\eta}$) é aumentada para 29%, 31% e 35% pelas rampas a montante em (α_1) de 14 °, 24 ° e 34 ° respectivamente em comparação com o modelo de linha de base para ângulos de injeção de 30 °. Para a taxa de sopro 1,0, a eficácia adiabática média da área aumentou em 26%, 27% e 29%, respectivamente, para ângulos de rampa especificados e para BR 3,2 alto, a porcentagem de aumento é de 26% para todos os ângulos de rampa. Porém, observou-se que a máxima efetividade média da área obtida é de 0,747 para BR=1,0, e o ângulo de rampa é de 34° no ângulo de injeção de 30°. Com uma taxa de sopro elevada, a colocação da rampa a montante tem pouco impacto na eficácia média da área do desempenho do resfriamento por efusão. Isto se deve ao fato de que a velocidade do refrigerante em altas taxas de sopro é substancialmente maior que a velocidade principal. O jato de refrigerante penetra no fluxo principal permitindo que gases quentes alcancem a superfície devido à rápida interação do refrigerante e da camada limite, a área de baixa pressão gerada na zona de recirculação a jusante da rampa voltada para trás desaparece completamente, diminuindo a possibilidade de propagação lateral do refrigerante. Ao mesmo tempo, uma grande quantidade de refrigerante será acumulada a jusante dos furos de efusão, este efeito de superposição aumenta a eficácia adiabática na região entre X/ Sx =5 a X/ Sx =20.

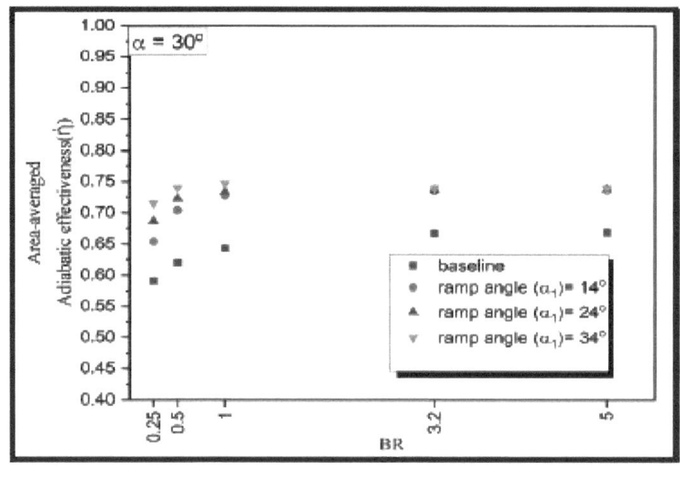

(a)

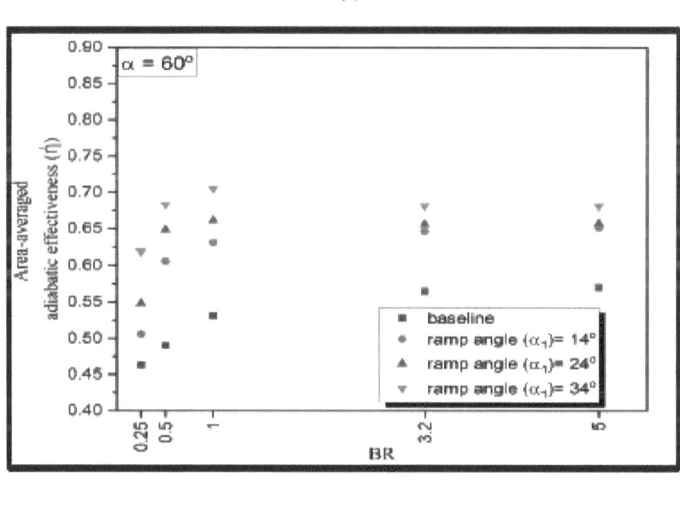

(b)

Figura 4.24 Comparação da eficácia adiabática média da área vs BR (a) α = 30 ° (b) = 60 °

4.6 Perfil do Limite de Velocidade

Os perfis de velocidade média do fluxo para o modelo de linha de base na razão de sopro 0,25, 1,0 e 3,2 logo a jusante da linha 1, linha 5 e linha 10 para ângulo de injeção de 30 ° são mostrados na figura 4.25. O fluido descarregado dos orifícios de refrigeração é misturado com o fluxo principal na direção do fluxo e interage com o fluxo de refrigerante proveniente dos orifícios adjacentes. As componentes da velocidade do jato de refrigerante proveniente dos orifícios de efusão são divididas em duas partes, sendo a componente da velocidade tangencial na direção do fluxo e a outra sendo a componente da velocidade normal na direção z. A componente tangencial da velocidade faz com que o refrigerante flua sobre a parede de efusão, enquanto o refrigerante que flui na direção normal penetra no fluxo principal. A Figura 4.25 mostra o perfil de velocidade a jusante dos orifícios de efusão em diferentes taxas de sopro. É claro que a altura de penetração do fluxo de refrigerante através dos orifícios de efusão é diferente em várias secções na direcção do fluxo, isto é, da fila inicial até à fila final. Pietrzyk et al. [109] identificaram fluido de alta velocidade penetrando na região da esteira abaixo do núcleo do jato, causando um gradiente de velocidade negativo próximo à parede. Como resultado, perfis de velocidade de pico duplo podem ser vistos a jusante no sentido fluxo, como mostrado na Figura 4.25 c. Os perfis de velocidade de pico duplo são observados em BR alto. Esses perfis de velocidade de pico duplo para valores mais altos de BR são gerados principalmente devido ao fluxo cruzado do refrigerante na corrente principal pelos jatos inclinados. Isto ocorre porque os jatos inclinados induzem alta velocidade na região da esteira do que os jatos normais devido à queda de pressão e aos fortes movimentos secundários. A Figura 4.26 mostra as linhas de corrente do domínio do fluxo principal (cor azul) e do fluxo do refrigerante (cor vermelha) para taxa de sopro 1,0 no ângulo de injeção de 30 $^\circ$.

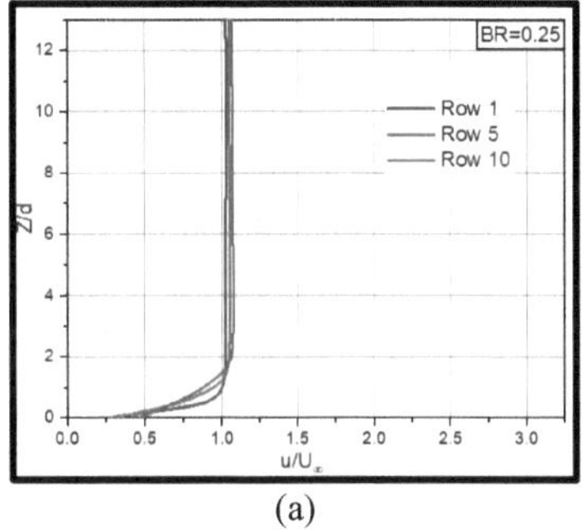 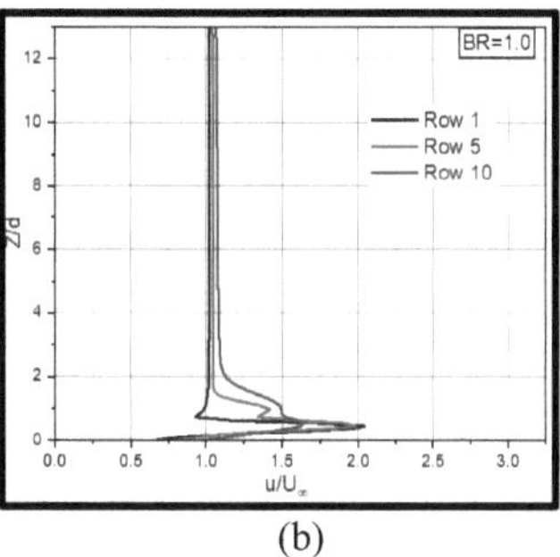

(a)

(b)

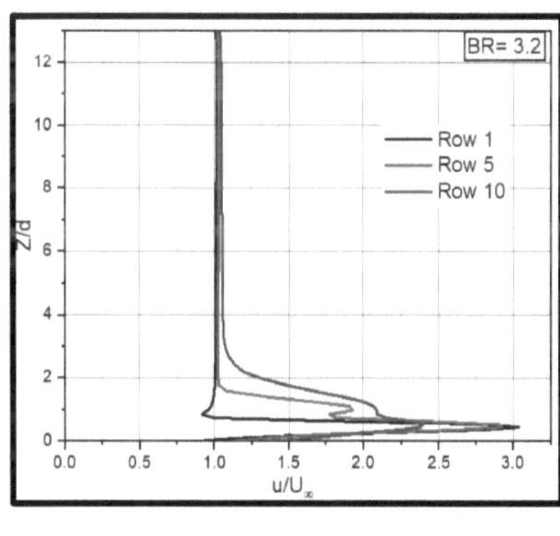

(c)

Figura 4.25 Perfis de velocidade a jusante das fileiras de orifícios de efusão em diferentes taxas de sopro

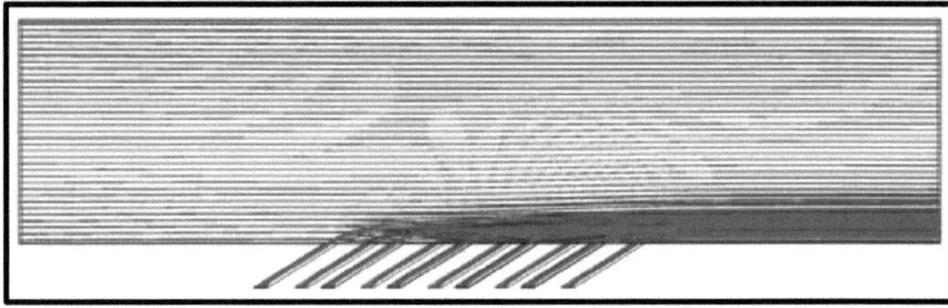

Figura 4.26 O campo de velocidade é simplificado ao longo do domínio da solução para uma taxa de sopro de 1,0 em um ângulo de injeção de 30° para o modelo de linha de base

4.7 Perfil do limite de temperatura

Na Figura 4.27, observa-se para a linha 1, que a altura mínima de penetração é observada devido à menor interação do refrigerante com o fluxo principal. Além disso, nas fileiras a jusante, na direção do fluxo, nas fileiras 5 e 10, a interação entre o fluido aumenta pela interação com o fluxo de refrigerante das fileiras a montante em conjunto e isso afeta a topologia do campo de fluxo. Os campos de temperatura no plano YZ na direção do fluxo são representados na Figura 4.27 e exibem um achatamento da camada limite de temperatura a jusante como resultado do fluxo adicional de refrigerante introduzido a partir dos furos a montante. Isto indica o aumento da camada limite térmica da primeira linha do buraco de efusão para a região a jusante. Na Figura 4.28, uma formação de núcleo de refrigerante é perceptível perto da região da parede Z/d<3 à medida que o refrigerante é injetado pelos orifícios de efusão. As variações na camada limite de temperatura são observadas na região Z/d<3 e a porção externa Z/d>3 permanece inalterada em relação ao fluxo principal. É interessante notar que a espessura da camada limite térmica aumenta à medida que o BR aumenta de 0,25 para

3,2.

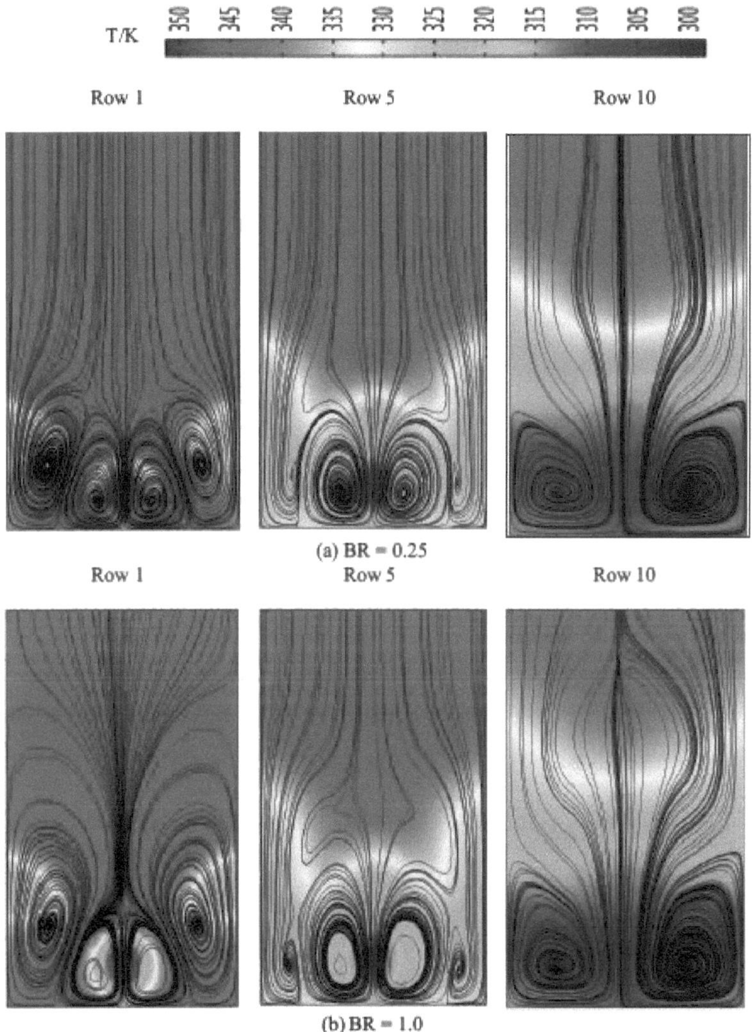

Figura 4.27 Desenvolvimento de campos de temperatura Streamline no plano YZ
para diferentes taxas de sopro em α=30° (a) BR =0,25 (b) BR = 1,0

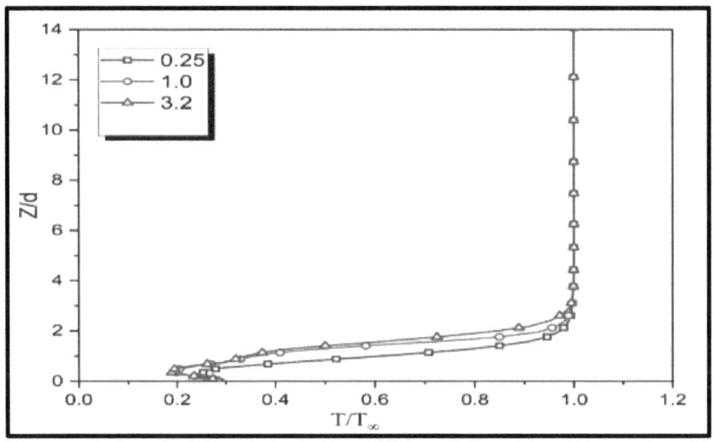

Figura 4.28 Perfis de limite de temperatura normalizados na linha 5 para α=30°

4.8 Resumo

A taxa de sopro é um fator crucial no projeto de um sistema de resfriamento por efusão. Tem um impacto significativo na eficiência geral das turbinas a gás porque altas taxas de sopro exigem uma taxa de fluxo de massa de refrigerante substancial. Contudo, em taxas de sopro baixas, pode haver uma taxa de fluxo de massa de refrigerante insuficiente para fornecer proteção adequada às camisas da câmara de combustão. A seleção de uma taxa de sopro apropriada para o sistema de resfriamento por efusão deve ser abordada com cuidado para encontrar um equilíbrio entre fornecer resfriamento suficiente para proteção eficaz, sem comprometer a eficiência geral da turbina a gás. O equilíbrio da taxa de sopro é crucial para obter um resfriamento eficiente e uma proteção adequada do revestimento no projeto da turbina a gás.

A eficiência adiabática é maior em um ângulo de injeção de 30° em comparação com um ângulo de injeção de 60°. Investigações computacionais sobre o sistema de resfriamento por efusão foram conduzidas para aumentar a eficácia adiabática, introduzindo uma rampa a montante à frente da primeira fileira de furos. A eficácia adiabática foi medida e comparada com o modelo de linha de base para três ângulos de rampa: 14°, 24° e 34°, e em várias taxas de sopro: 0,25, 0,5, 1,0, 3,2 e 5,0. Em geral, a eficácia adiabática mostrou uma tendência crescente com taxas de sopro mais elevadas para todos os ângulos de rampa. A colocação da rampa a montante teve um impacto significativo na região inicial (primeiras fileiras de furos, $X/Sx < 5$) em comparação com a região a jusante ($X/Sx > 5$).

Capítulo 5

RESULTADOS COMPUTACIONAIS: EFEITO DA FORMA DOS FUROS

5.1 Introdução

Este capítulo se concentra em uma investigação computacional do resfriamento por efusão sobre uma placa plana usando dois tipos diferentes de furos: formato cônico e formato de leque. O objetivo do estudo é avaliar a viabilidade do resfriamento por efusão como técnica de resfriamento das camisas da câmara de combustão em uma turbina a gás. Uma comparação com os furos cilíndricos tradicionais também é feita durante a investigação.

Os pesquisadores concentraram seus efeitos na melhoria da eficiência geral do desempenho de resfriamento, conduzindo vários métodos experimentais e numéricos em furos moldados. Um fato bem conhecido é que saídas expandidas em geometrias de furos podem melhorar muito o desempenho de resfriamento, permitindo que o líquido refrigerante se espalhe lateralmente sobre a superfície. O par de vórtices contra-rotativos (CRVP) gerado dentro do jato de refrigerante degrada a eficiência de resfriamento na superfície, causando sustentação aerodinâmica. Devido à sua direção de rotação, esses vórtices permitem que os gases quentes da corrente principal viajem sob o jato de refrigerante, resultando em altas temperaturas na superfície, enquanto os anti-CRVPs formados na região parecem girar na direção oposta dos CVRPs. Os anti-CRVPs podem neutralizar as tendências desfavoráveis dos CRVPs. Assim, a penetração do jato de fluido secundário teve que ser reduzida, enfraquecendo os CRV Ps, e a propagação lateral dos jatos teve que ser aumentada, a fim de melhorar o desempenho de resfriamento a jusante dos orifícios de refrigerante. Assim, para alcançar um alto desempenho de resfriamento na placa de efusão, é importante modificar as estruturas de fluxo. Algumas das maneiras possíveis de alterar as estruturas de fluxo são 1) alterar as interações camada limite/jato de resfriamento, 2) modificando o fluxo a montante do jato de refrigerante 3) modificando a forma da geometria do furo.

Tabela 5.1 Estudo paramétrico de furos conformados .

Parameters S. Não	Ângulo de injeção (α)	Formato do orifício de injeção	Taxas de sopro (BR)
1	30 horas	Furo cilíndrico	0,25 1,0 3.2
2	30 horas	Furo em formato cônico	0,25 1,0 3.2
3	30 horas	Buraco em forma de leque	0,25 1,0 3.2

O objetivo principal deste capítulo é medir e comparar a eficácia adiabática a jusante na direção de fluxo de furos de efusão com configurações em forma de leque e cônica contra os furos cilíndricos da linha de base. As investigações envolvem o estudo de 10 fileiras de orifícios de efusão com ângulo de injeção de 30 ° e taxas de sopro de 0,25, 1,0 e 3,2. As taxas de sopro consideradas incluem taxa de sopro baixa 0,25, taxa de sopro intermediária 1,0 e taxa de sopro alta 3,2. Além disso, perfis de velocidade e linhas de corrente bidimensionais são analisados logo a jusante da primeira e última fileira de furos de efusão para obter uma compreensão abrangente do comportamento do fluxo sobre a placa plana influenciada pelo resfriamento por efusão.

5.2 Resultados e Discussões

O foco principal deste capítulo foi a previsão computacional da eficácia adiabática para sistemas de resfriamento por efusão. O efeito dos furos moldados e BR no desempenho do resfriamento por efusão é discutido e comparado entre (a) furos cilíndricos, (b) furos cônicos e (c) furos em forma de leque em diferentes taxas de sopro 0,25, 1,0 e 3,2 para ângulo de injeção $(\alpha) = {}^{30°}$.

5.2.1 Efeito da taxa de sopro na eficácia adiabática

A eficácia adiabática da linha central para furos cilíndricos em BRs 0,25, 1,0 e 3,2 para ângulo de injeção (α) 30 ° é mostrada na Figura 5.1. A figura mostra que o BR impacta significativamente a eficiência adiabática do resfriamento por efusão. O pico de eficácia adiabática parece oscilar cada vez mais da primeira fileira de orifícios de efusão até a última fileira de orifícios de efusão para todas as proporções de sopro. Isto se deve à medição realizada na placa de efusão, incluindo os orifícios de refrigeração. A eficácia adiabática é alta para um BR baixo até X/d=7. Depois disso, os valores diminuem em comparação com BR s elevados, e comportamento oposto é observado para BR s elevados. A velocidade do refrigerante é menor que a velocidade principal em BR s baixos e é maior em BR s altos. Observe que, para taxas de sopro baixas, espera-se uma baixa vazão mássica do refrigerante a partir dos orifícios de injeção e uma vazão mássica alta do refrigerante em BR alto . No entanto, o desempenho geral de cada furo moldado individual aumenta à medida que a taxa de sopro aumenta.

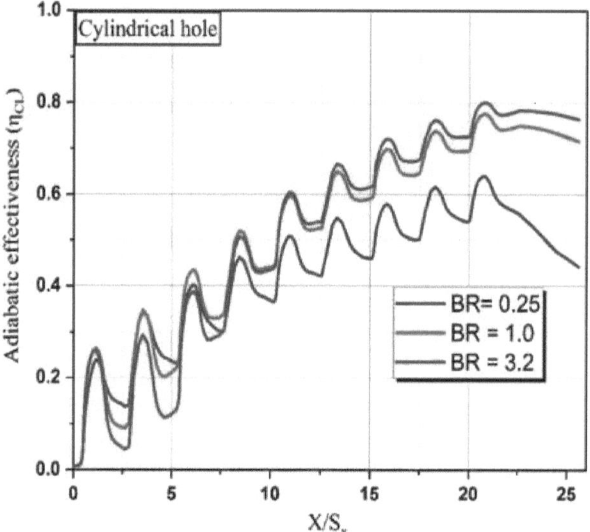

Figura 5.1 Comparação da eficácia adiabática da linha central para furos cilíndricos com taxas de sopro 0,25, 1,0 e 3,2

Em baixas taxas de sopro (BRs), o jato de refrigerante permanece mais próximo da superfície sem penetrar no fluxo principal. Este comportamento evita que os gases quentes atinjam a superfície e proporciona um melhor isolamento, resultando numa maior eficácia de refrigeração. Por esta razão, as filas iniciais logo a jusante dos furos

102

de refrigeração (X/d>5) são mais eficazes do que as últimas a jusante. Avançando mais a jusante, a eficácia adiabática diminui em comparação com o alto BR . Porque os gases quentes dominam o baixo fluxo de massa do refrigerante e a alta advecção dos gases quentes faz com que o ar quente seja atraído para mais perto da superfície. Com a diminuição da massa do fluido refrigerante dos orifícios de efusão, espera-se que uma fina película de ar refrigerante se forme sobre a superfície, como visto na Figura 5.2 , que será incapaz de proteger a superfície dos gases quentes, levando a uma queda na eficiência adiabática.

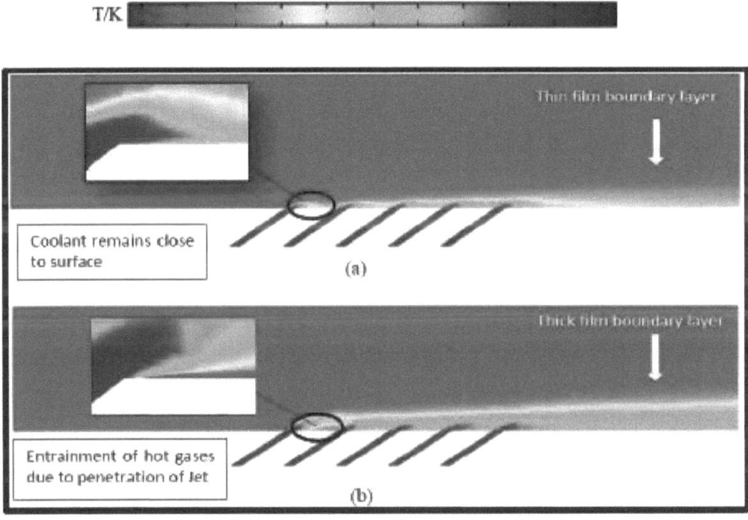

Figura 5.2 Penetração do jato de refrigerante no plano XZ para (a) Baixa taxa de sopro 0,25 (b) Alta taxa de sopro 3,2

Em taxas de sopro mais altas (BRs), o jato de refrigerante penetra no fluxo principal na vizinhança dos primeiros furos. Este arrastamento dos gases quentes aproxima-os da superfície, conduzindo a uma maior eficácia do arrefecimento. A jusante na região (após (X/d>5)), uma espessa camada limite de fluido refrigerante é formada sobre a superfície devido ao efeito de superposição de grandes taxas de fluxo de massa através de orifícios de efusão, como visto na Figura 5.2 (a) e 5.2(b). A eficácia adiabática é alta para BRs elevados na região a jusante.

5.2.2 Efeito de furos moldados na eficácia adiabática

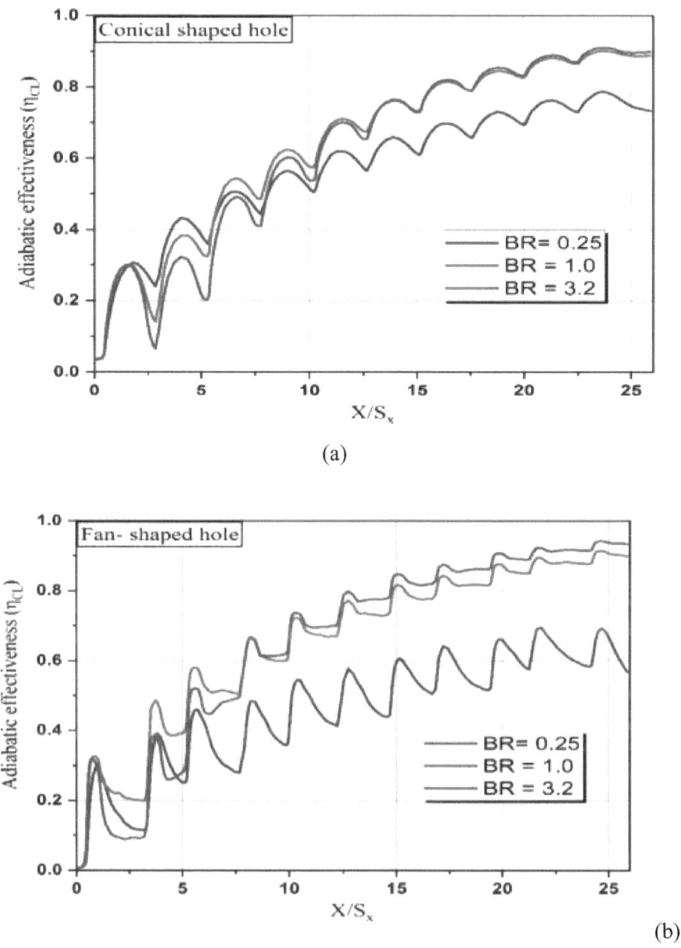

Figura 5.3 Comparação da eficácia adiabática da linha central para taxas de sopro
0,25, 1,0 e 3,2 (a) Furos em formato cônico (b) Furos em formato de leque.

A Figura 5.3 mostra a comparação da eficácia adiabática em diferentes taxas de sopro para furos em formato cônico e em leque. Foi observado que a eficácia adiabática do furo em formato cônico e em leque também aumenta com o aumento das taxas de sopro. Devido às diferenças nas condições, o nível de melhoria varia conforme o esperado. A tendência de eficácia adiabática é observada da mesma forma que os furos cilíndricos.

O aumento na eficácia adiabática com furos moldados (geometrias de furos) pode ser devido a melhorias em todos os três efeitos dos processos de mistura turbulenta relacionados com a ruptura dos jatos de resfriamento próximos aos furos de resfriamento. Os processos são; 1) O processo de mistura que ocorre na interação do jato de refrigerante com o fluxo cruzado principal reduz a zona de forte cisalhamento 2) a propagação lateral do jato de refrigerante na superfície logo a jusante do furo de refrigerante 3) o processo de mistura que ocorre dentro do próprio jato de refrigerante enfraquecendo os vórtices em contra-rotação dentro dos jatos à medida que ele entra na corrente principal. A Figura 5.4, Figura 5.5 e Figura 5.6 mostram a distribuição dos contornos de temperatura (eficácia de resfriamento) no plano XY para furos cilíndricos, cônicos e em forma de leque, respectivamente. Na Figura 5.4, observa-se que para valores baixos de taxas de sopro, como o refrigerante permanece próximo à superfície, a distribuição dos contornos de temperatura a jusante da saída da geometria do furo no fluxo contínuo é muito espessa com a temperatura dos jatos de refrigerante. Mas para valores mais elevados de taxas de sopro, o jato de refrigerante se afasta da superfície devido à decolagem do jato e os gases quentes chegam perto da superfície. de modo que as temperaturas da parede perto dos furos sejam muito altas. Movendo-se para baixo na direção do fluxo, as temperaturas da parede diminuem gradualmente pelo acúmulo da taxa de fluxo de massa do refrigerante pela coalescência dos orifícios

de efusão a montante e adjacentes, por sua vez, aumenta a eficácia adiabática.

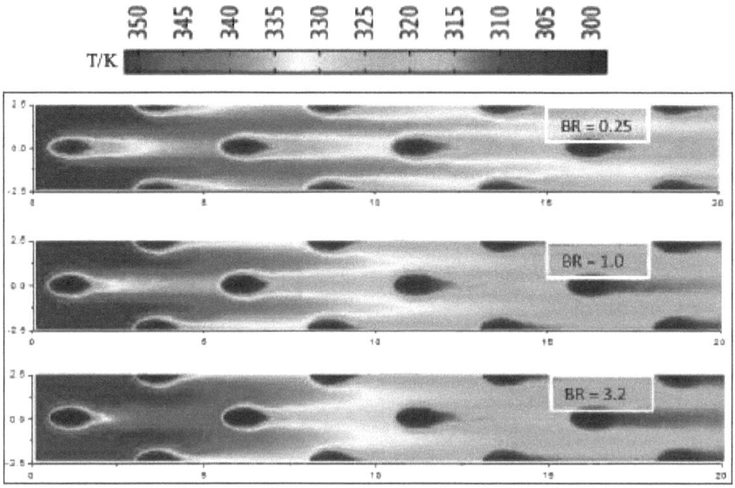

Figura 5.4 Distribuição do contorno de temperatura no plano XY para furo de
formato cilíndrico

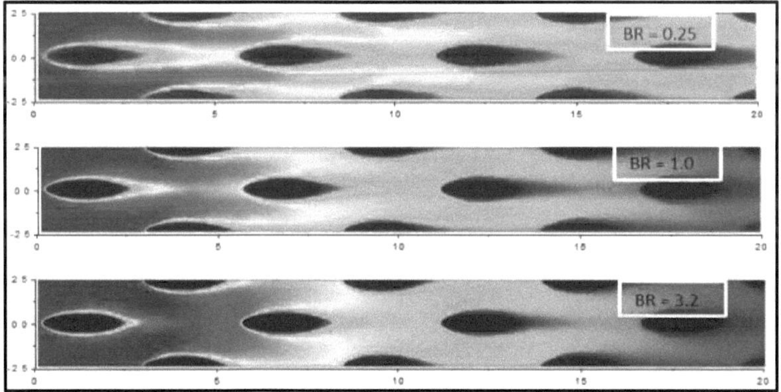

Figura 5.5 Distribuição do contorno de temperatura no plano XY para furo de
formato cônico

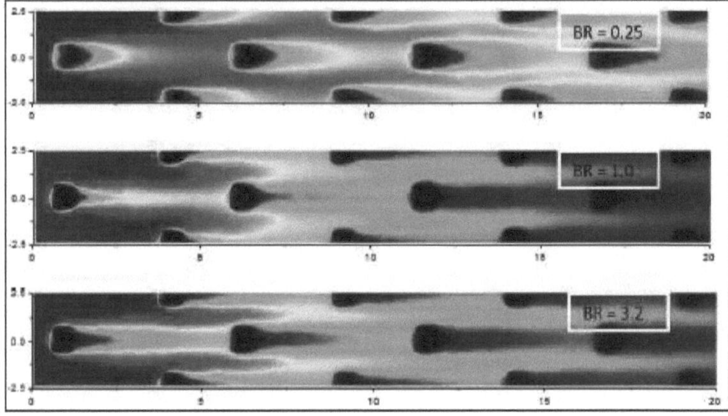

Figura 5.6 Distribuição do contorno de temperatura Plano XY para furo em forma de leque

Da Figura 5.7 e Figura 5.8 para os valores baixos de BR, os furos em formato cônico proporcionam melhor eficácia adiabática do que os furos cilíndricos e os furos em formato de leque. Este fenômeno é devido à maior dispersão lateral do refrigerante a jusante dos furos de injeção, já que o plano central dos furos de formato cônico é mais largo em comparação com os furos cilíndricos e trapezoidais. Para este tipo de furos sob condições de fluxo em estado estacionário (Baixo BR), seus jatos geram um par de vórtices anti-contra-rotação. A eficiência adiabática é aumentada pelas interações de vórtices entre os jatos. Para o BR elevado, os orifícios em forma de leque proporcionam melhor cobertura de resfriamento. Quando os furos em forma de leque são usados, espera-se que a mistura na interface entre os jatos de refrigerante e a corrente principal para uma taxa de fluxo de refrigerante particular seja drasticamente reduzida perto dos furos. A diminuição na mistura do fluxo cruzado e do jato de refrigerante é causada principalmente pela diminuição na velocidade do jato, pois a área da seção transversal difusa na seção de saída dos furos em forma de leque é maior em comparação com outros furos em formato , como mostrado na Figura 5.9. Isto retarda a saída do jato de refrigerante para o fluxo principal e permanece mais próximo da superfície, aumentando a eficácia adiabática sobre a superfície. Neste caso, o anti-CRVs não sai devido à velocidade muito baixa causada pela expansão.

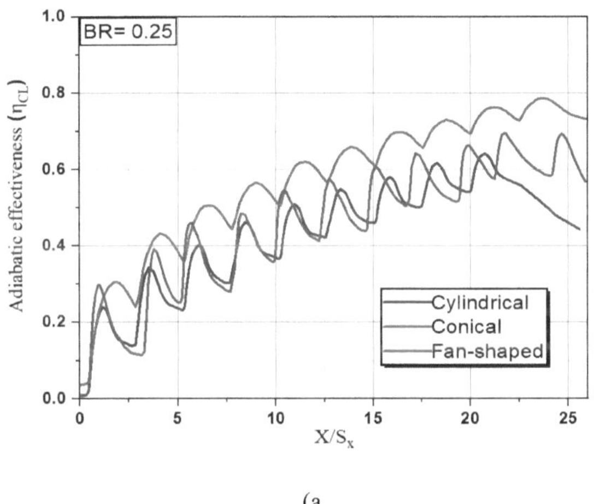

(a

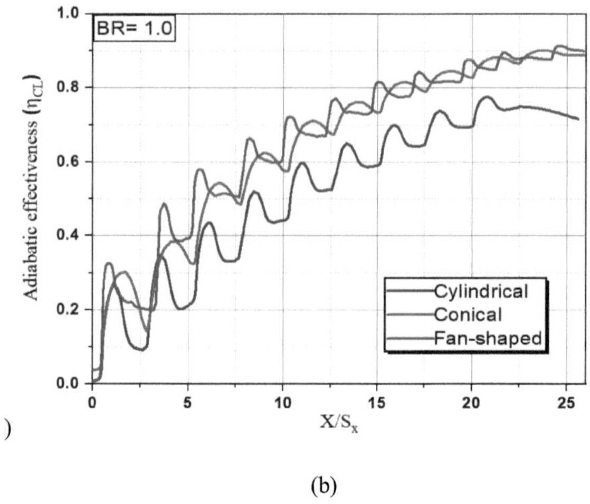

)

(b)

Figura 5.7 Comparação da eficácia adiabática para diferentes geometrias de furo em taxas de sopro (a) 0,25 e (b) 1,0

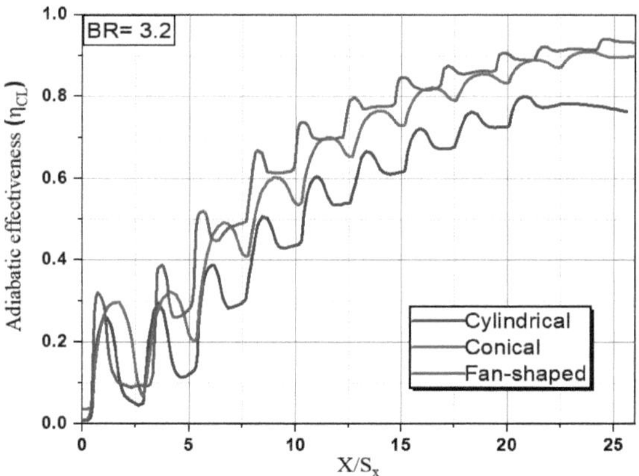

Figura 5.8 Comparação da eficácia adiabática para diferentes geometrias de furo em taxas de sopro para 3.2

5.3 Medições de campo de fluxo

À medida que o jato de refrigerante flui através da saída expandida do orifício de resfriamento do filme em configurações cônicas e em forma de leque, ele sofre expansão, levando à distribuição lateral ao longo da direção do vão. A uniformidade da distribuição do fluxo de saída do jato de refrigerante ao longo da direção do vão é maior para cônicos e furos em forma de leque em comparação com furos cilíndricos. A Figura 5.10 e 5.11 ilustra a distribuição dos contornos Streamline-Vortex no plano de corte YZ a jusante da linha 1 e da linha 5. Da Figura 5.10. observa-se que para os furos de formato cilíndrico, os dois vórtices contra-rotativos formados ficam muito mais próximos da linha central do plano de corte, gerando mais resistência aos CRVs e evitando que o líquido refrigerante se espalhe pela superfície. Mas os vórtices gerados nos furos moldados se afastam ligeiramente da linha central do plano de corte, o que permite que o refrigerante se espalhe lateralmente na direção do vão. Nos furos de formato cônico, os anti-CRVs são claramente visíveis. A camada limite de temperatura aumenta à medida que o refrigerante flui a jusante na direção do fluxo por coalescência do jato de refrigerante a montante. E também, observa-se que a temperatura da camada limite do filme aumenta eventualmente à medida que o refrigerante flui da linha 1 para a linha 5. As diferenças na camada limite de temperatura para a linha 1 e a linha 5 podem ser vistas na Figura 5.10 e na Figura 5.11.

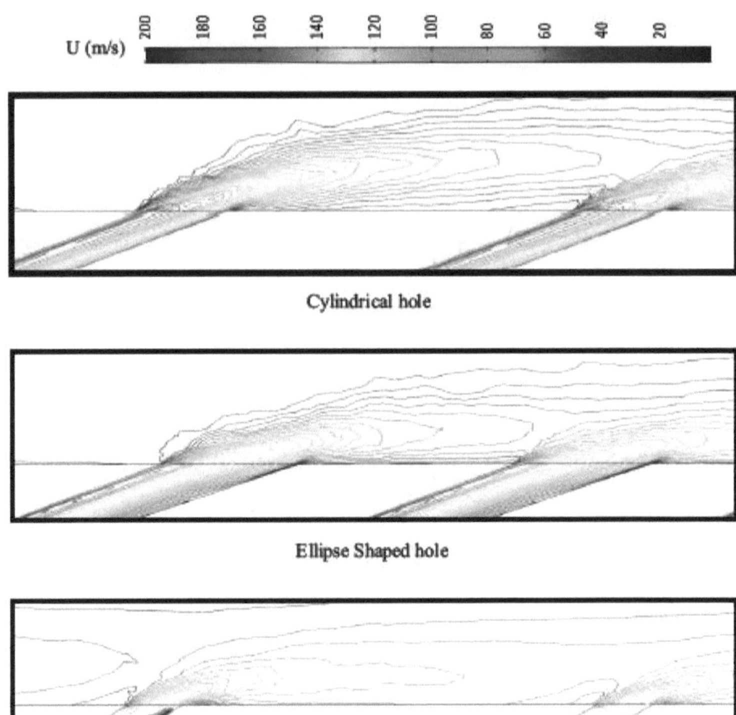

Cylindrical hole

Ellipse Shaped hole

Fan shaped hole

Figura 5.9 Distribuição de velocidades e linhas de corrente na seção transversal do plano XZ na saída dos furos para BR = 3,2

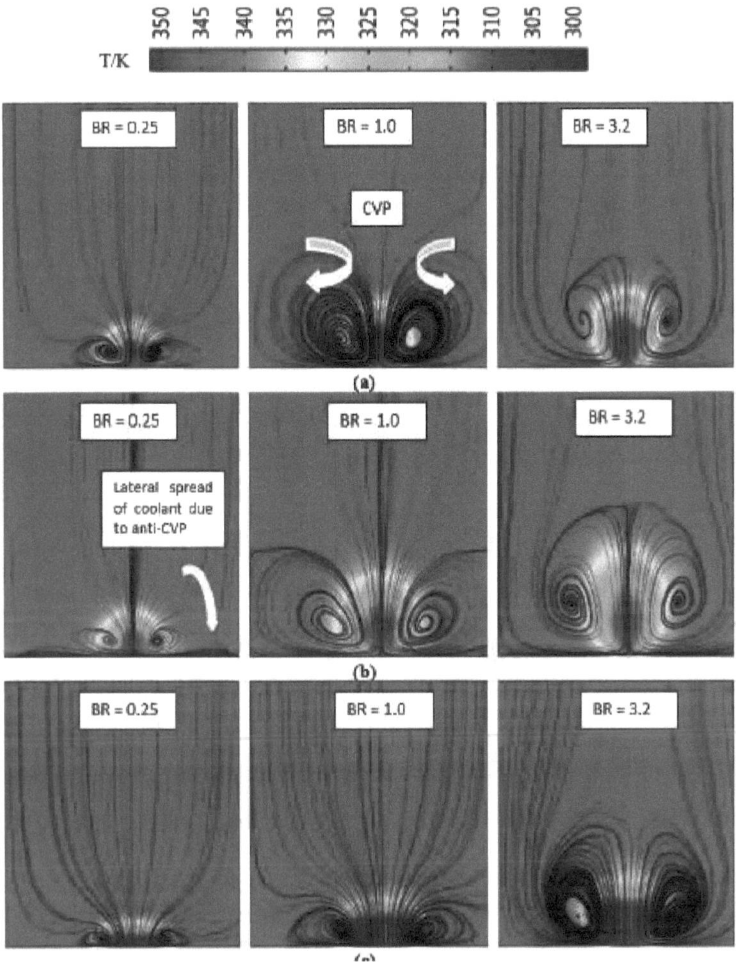

Figura 5.10 Distribuições de temperatura e linhas de corrente no plano de corte YZ a jusante da linha 1 para (a) furos cilíndricos (b) em formato cônico e (c) em formato de leque

113

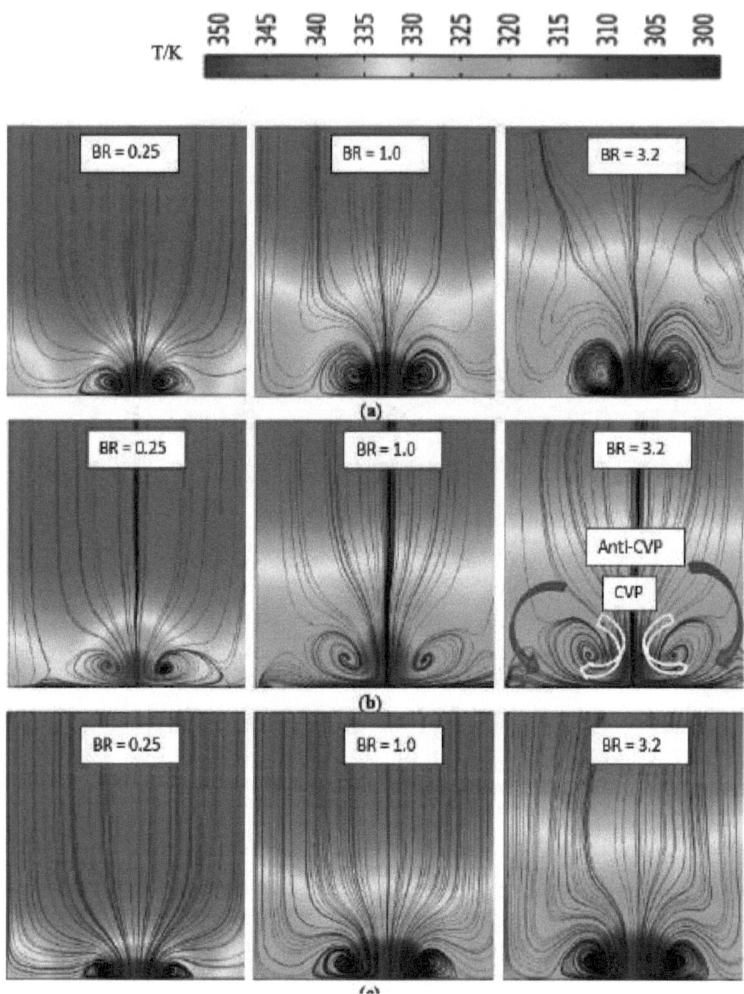

Figura 5.11 Distribuições de temperatura e linhas de corrente no plano de corte YZ a jusante da linha 5 para (a) furos cilíndricos (b) em formato cônico e (c) em formato de leque

5.4 Perfil de Velocidade

Os perfis de velocidade são avaliados na superfície de efusão a jusante do orifício de efusão nas linhas 1 e linha 5 para determinar se o fluxo está totalmente desenvolvido ou não. Os perfis de velocidade são gerados logo a jusante do furo correspondente na direção do fluxo nas taxas de sopro de 0,25, 1,0 e 3,2. A Figura 5.12 mostra os perfis de velocidade média para a linha 1 e linha 5 para taxa de sopro

0,25, 1,0 e 3,2. Há uma queda gradual na altura de penetração do jato de refrigerante, conforme indicado pela velocidade máxima do fluxo, à medida que o fluxo se move da linha um para a linha 5. Na Figura 5.12 (a) para furos cilíndricos, o pico máximo para a linha 1 ocorre em 0,15. d e 0,35d para a linha 5. Outro fenômeno interessante é que a ejeção contínua do fluxo de refrigerante provoca um aumento na velocidade da porção externa do fluxo. Conforme discutido anteriormente, a velocidade do fluxo do refrigerante é reduzida para furos moldados em comparação com furos cilíndricos. Da Figura 5.12 (b), para BR = 1,0 o pico máximo de velocidade na direção do fluxo na linha 5 para furos cilíndricos é 2,2, para furos cônicos é 1,5 e para furos em forma de leque é 0,9. Isto indica claramente que a velocidade do jato de refrigerante foi reduzida devido à expansão da saída do furo e, portanto, a propagação lateral do refrigerante aumenta tanto na direção do vão quanto na direção do fluxo.

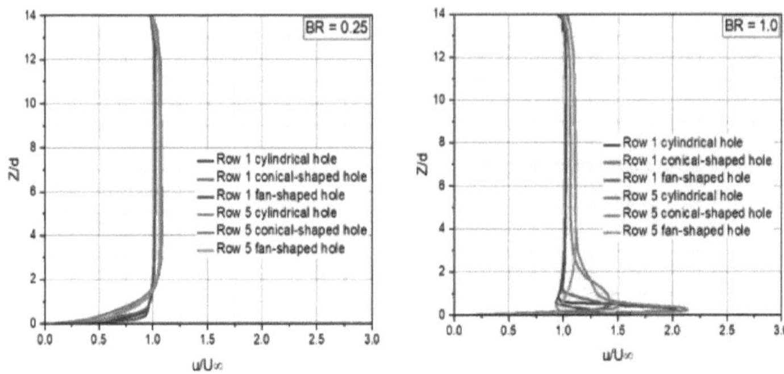

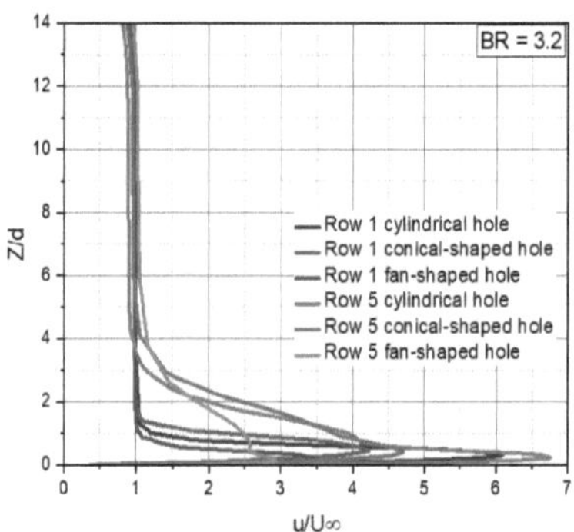

Figura 5.12 Perfis de velocidade média do fluxo para taxa de sopro 0,25, 1,0 e 3,2 a jusante da linha 1 e linha 5

5.5 Eficácia adiabática média por área ($\bar{\eta}$)

A Figura 5.13 ilustra a relação entre a taxa de sopro e a eficácia adiabática média da área ($\bar{\eta}$). Essa eficácia adiabática média da área ($\bar{\eta}$) é representada como o desempenho geral do resfriamento por efusão na superfície. A eficácia adiabática média da área ($\bar{\eta}$)aumenta à medida que a taxa de sopro aumenta para todas as geometrias de furo. Fica claro na Figura 5.13 que os furos em formato cônico e em leque proporcionam melhor eficiência de resfriamento em comparação com os furos cilíndricos em todas as taxas de sopro. Com baixo BR 0,25, a eficácia adiabática dos furos de formato cônico é 25% e 19% melhor do que os furos de formato cilíndrico e trapezoidal, respectivamente. Para o BR 1.0 intermediário, os furos trapezoidais proporcionaram 21% e 10% de eficácia adiabática superior aos furos cilíndricos e cônicos. Aumentando ainda mais a taxa de sopro para 3,2, a eficácia aumentou para 13% e 4%, respectivamente, em comparação com o furo de formato cilíndrico e cônico, respectivamente.

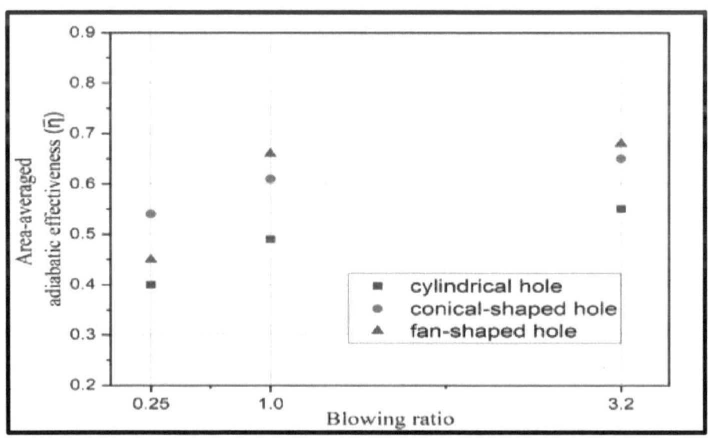

Figura 5.13 Eficácia adiabática média por área ($\bar{\eta}$) vs BR

5.6 Resumo

A presente tese investiga o efeito das geometrias dos furos (furos moldados) e das taxas de sopro do jato de refrigeração no desempenho do resfriamento por efusão. A eficácia adiabática da linha central é medida e comparada para três tipos diferentes de furos moldados (furo cilíndrico, furo cônico e furo em forma de leque) para taxas de sopro de 0,25, 1,0 e 3,2 em ângulos de injeção de 30 $^{o.}$
sobre uma superfície plana. Além disso, perfis de velocidade e linhas de corrente em planos verticais são medidos nas linhas 1 e 5 no campo de fluxo.

Em comparação com os furos cilíndricos, os furos moldados proporcionam maior eficácia adiabática na placa de efusão. A eficácia adiabática global aumenta à medida que a taxa de sopro aumenta de 0,25 para 3,2. Em taxas de sopro baixas, os furos em formato cônico são preferíveis aos furos cilíndricos e em leque. A formação de anti-CRVs na saída da geometria do furo proporciona maior distribuição lateral do líquido refrigerante na superfície. Em altas taxas de sopro, os furos em forma de leque são preferíveis aos outros furos em formato. Devido ao formato difuso na saída da geometria do furo, a velocidade do jato de refrigerante é reduzida, o que por sua vez diminui a mistura entre o jato de refrigerante e a corrente principal. Isto faz com que o líquido refrigerante permaneça próximo à superfície e aumenta a dispersão lateral do líquido refrigerante.

Capítulo 6

CONFIGURAÇÃO E INSTRUMENTAÇÃO EXPERIMENTAL

6.1 Introdução

Nos últimos 20 anos, um número notável de estudos foi realizado para analisar aspectos do processo de resfriamento de filmes. A natureza discreta dos furos no resfriamento do filme não fornece uma camada de resfriamento de filme fechada para revestimentos e proteção suficiente não é garantida na região a jusante. A proteção total do filme de cobertura é possível com o sistema de resfriamento por efusão, onde um grande número de orifícios de pequeno diâmetro são densamente colocados em disposição nos revestimentos. O fluido secundário (ar frio) é ejetado através desses orifícios permitindo formar uma camada de filme refrigerante na superfície interna dos revestimentos que protege como uma blindagem térmica entre os gases quentes e a superfície da parede. Alguns dos parâmetros que influenciam o desempenho do resfriamento por efusão são o espaçamento dos furos, os ângulos de injeção, a relação comprimento/diâmetro, o diâmetro do furo, a relação de sopro, a relação de densidade, a condutividade térmica da placa de base, a relação de fluxo de momento e as condições da superfície. Esta tendência de pesquisa ativa continua com o objetivo de estabelecer novas abordagens para melhorar o desempenho do resfriamento por efusão.

6.2 Configuração do Experimento

6.2.1 Túnel de Vento

O experimento é realizado em um túnel de vento de baixa velocidade. A Figura 6.1 mostra a configuração experimental, consistindo de fluxo principal quente, fluxo frio e seção de teste. O fluxo principal quente é fornecido por soprador e aquecido por soprador de calor e então deixado passar através do conjunto de favos de mel e três telas de grade, reduzindo a turbulência e entra na seção de teste. A velocidade da corrente principal é medida pelo tubo pitot. O ar refrigerante é fornecido por um compressor e direcionado para uma câmara plenum montada sob a placa de teste. A temperatura do fluxo principal e do fluxo do refrigerante são medidas com termopar. A vazão mássica do fluxo secundário é medida por rotâmetro. A Figura 6.2 mostra a fotografia da montagem experimental.

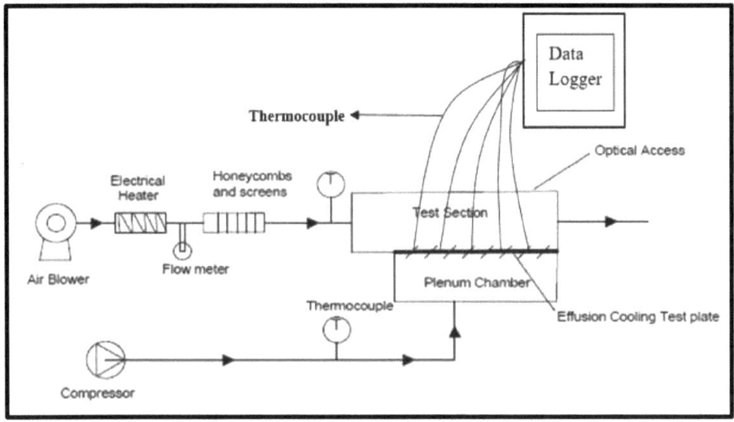

Figura 6.1 Esquema da Configuração Experimental

6.2.2 Placa de teste

Uma placa plana é usada para realizar testes de resfriamento por efusão. A placa plana que parece ser semelhante aos revestimentos reais da câmara de combustão é usada para realizar os testes para melhor compreensão da mecânica do fluxo entre o fluxo principal e o fluxo do líquido refrigerante. A placa de teste é feita de Plexiglas, que possui menor condutividade térmica (k =0,45 W/m ^{2} K) e boas propriedades de usinabilidade. O tamanho da placa de teste é 60 x 520 mm com espessura de 10 mm. Os furos na placa de efusão são distribuídos em padrão escalonado com diâmetro (d) de 5,7 mm em ângulos de injeção (α) = 30 $^\circ$. A relação de temperatura entre a corrente principal e o fluxo do refrigerante é mantida constante para todas as relações de sopro durante todo o experimento.

121

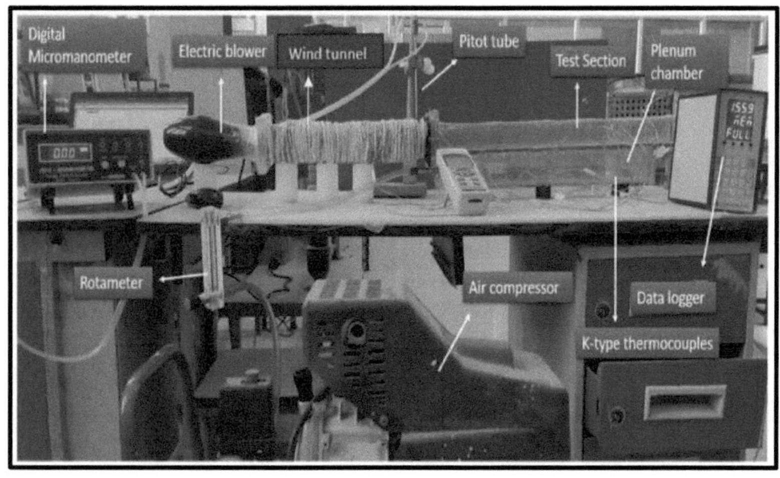

Figura 6.2 Fotografia do equipamento de teste experimental.

Figura 6.3 placa de teste de efusão coberta com tinta preta na seção de teste

A seção de teste com um total de 20 fileiras de furos perfurados na direção do fluxo e o espaçamento dos furos na direção do fluxo e da extensão é $S_x/d = S_y/d = 4{,}9$ com ângulo de injeção de 30 ° é mostrada na Figura 6.3. Uma rampa a montante está localizada a uma distância 1d da primeira fileira de orifícios de resfriamento. Para a rampa a montante, dois ângulos de rampa distintos (α_1) 14 ° e 24 ° são usados para avaliar o efeito da rampa a montante. O ângulo de rampa de 34° [foi] excluído da experimentação devido à sua tendência de perturbar o fluxo principal e afetar a temperatura do fluxo principal. A Figura 6.4 (a) apresenta o diagrama esquemático do trecho a montante, enquanto a Figura 6.4 (b) apresenta uma fotografia das rampas utilizadas no banco de ensaios experimentais. A Figura 6.5 mostra a vista tridimensional da placa de efusão com fixação da rampa.

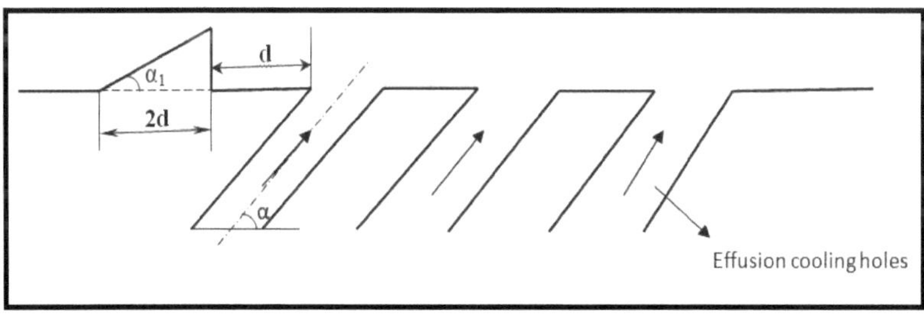

(a)

(b)

Figura 6.4 (a) Diagrama esquemático de uma rampa a montante

(b) Foto da rampa a montante

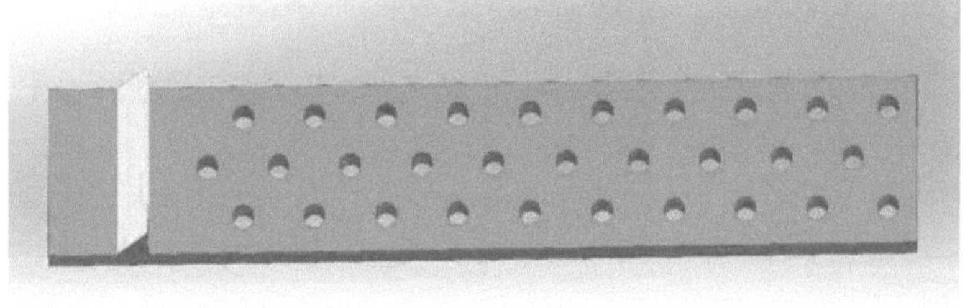

Figura 6.5 Vista 3D da rampa a montante para resfriamento por efusão

6.2.3 Micromanômetro Digital

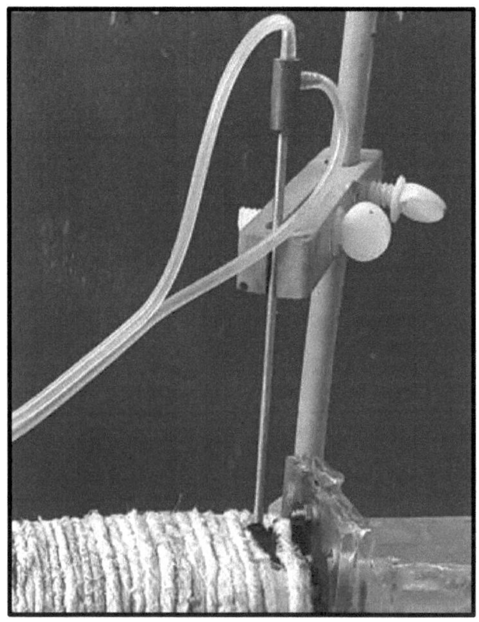

Figura 6.6 Inserção do tubo de Pitot no duto principal

Para medir a velocidade do fluxo principal, é utilizado um micromanômetro digital de alta qualidade, conforme mostrado na Figura 6.7. O tubo pitot é inserido no duto de fluxo principal através de uma pequena abertura conectada ao micromanômetro digital para determinar a velocidade dentro do fluxo principal, conforme mostrado na Figura 6.6. O micromanômetro digital emprega um transdutor de pressão diferencial com um design exclusivo baseado em capacitância, permitindo medir com precisão pressões tão baixas quanto 0,001 Pascal. Ele incorpora um gráfico de ajuste de temperatura para acomodar variações na temperatura ambiente. Na configuração experimental em andamento, a vazão mássica do fluxo principal quente é regulada na entrada da seção de teste para garantir uma velocidade constante dentro da seção de teste.

Para facilitar a instalação do tubo estático de Pitot para medições de velocidade e queda de pressão, a parede superior foi adequadamente modificada com ranhuras cilíndricas e um arranjo de tomada de pressão. Tubos de borracha, com diâmetro de 1 mm, são fixados nas tomadas de pressão para permitir sua conexão a um micromanômetro digital preciso. Este micromanômetro de alta qualidade oferece uma faixa de precisão de 1%, variando de 0 a 19,99 mm H_2O. A velocidade é medida e mantida a taxa de fluxo constante na seção de fluxo principal quente durante todo o experimento e a velocidade no frio O fluxo do fluxo (secundário) é alterado de acordo com as taxas de sopro.

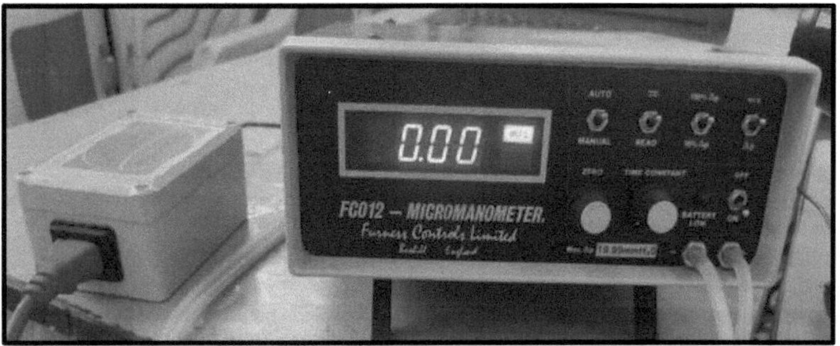

Figura 6. 7 Fotografia do Micromanômetro Digital FC012

6.2.4 Compressor de ar

Um compressor de ar é um dispositivo mecânico que comprime o ar ou qualquer outro gás, reduzindo o seu volume, o que por sua vez aumenta a sua pressão. Pertence a uma categoria específica de compressores de gás. O ar comprimido é direcionado da câmara plenum para a seção de teste através de pequenos orifícios chamados orifícios de

efusão. O compressor está equipado com um manômetro e regulador para gerenciar a

vazão. As especificações do compressor incluem capacidade de ar de 24 litros, pressão

máxima de 8 bar, potência de 2,5 cavalos, operando a 220 volts e 2.850 RPM.

Figura 6.8 Compressor de ar

6.2.5 Registrador de dados

O sistema de registro de dados Ajinkya Multi-Channel Data Logger IM2000 N,

representado na Figura 6.9, é utilizado em todos os experimentos realizados. O

registrador de dados da série IM200 é um dispositivo altamente flexível projetado para

acomodar uma ampla variedade de tipos de entrada, incluindo termopares do tipo R,

S, J, K, T, sensores RTD e entradas de 4-20 mA. Ele suporta registro de dados em 4 a

32 canais, proporcionando ampla capacidade para diversas necessidades de medição.

Com seu display LED vermelho brilhante de 4 dígitos, as leituras de dados podem ser facilmente visualizadas e monitoradas. O Data Logger pode ser convenientemente conectado a um PC ou a impressoras paralelas com interface Centronics, permitindo transferência de dados e funcionalidade de impressão contínuas.

Figura 6.9 Foto do registrador de dados Ajinkya Modelo IM2000

6.2.6 Termopares

Para a presente investigação, termopares Tipo K (36 SWG) foram utilizados como sensores de temperatura. Esses termopares funcionam como transdutores, convertendo temperatura em tensão. Eles operam com base no princípio de unir fios feitos de dois materiais diferentes em uma extremidade, formando uma junção de medição. A extremidade oposta do termopar é conhecida como cauda

128

fim. A junção de medição é conectada ao objeto que está sendo monitorado quanto à temperatura, enquanto a extremidade final é mantida em uma temperatura separada, normalmente a temperatura ambiente. Devido à disparidade de temperatura entre a junção de medição e a extremidade traseira, uma diferença de tensão pode ser observada entre os dois fios na extremidade traseira [83]. Os termopares tipo K fornecem um sinal mais forte e maior precisão dentro de uma faixa de temperatura moderada. Eles exibem maior estabilidade, contribuindo ainda mais para sua precisão. O fio de grau termopar pode suportar temperaturas que variam de -270 a 1260 graus Celsius. Um diâmetro de fio menor resulta em tempos de resposta mais rápidos para o termopar. Termopares de ferro Constantan, especificamente do tipo K, são comumente empregados para medir temperaturas como temperatura de superfície aquecida, temperatura do fluido de trabalho em canais e temperatura do ar nos pontos de entrada e saída.

Na Figura 6.10, uma configuração típica de termopar é mostrada. Esses sensores de temperatura estão conectados a um registrador de dados. A função do sistema de aquisição de dados é converter a resposta do sensor em um sinal diretamente proporcional à temperatura medida.

Antes dos experimentos reais, os termopares foram calibrados usando um termômetro com precisão de ±1,5°C. Este processo de calibração levou em conta as incertezas associadas à medição das temperaturas do ar e da corrente principal. A incerteza geral nas medições de temperatura é estimada em 1,5°C.

As medições de temperatura estão planejadas para serem realizadas em pontos específicos dentro da placa de efusão. A disposição dos termopares na superfície de aquecimento e no ar é mostrada na Figura 6.11. Os termopares são posicionados a uma distância de 0,5d a jusante da saída do orifício de efusão. Um total de 32 termopares (referidos como TC $_s$) são fixados com segurança na parte superior da placa de teste, garantindo uma distribuição nas direções de extensão e de fluxo da superfície. Para monitorar a temperatura do ar, um termopar (TC $_i$) é especificamente designado para medir a temperatura na entrada do fluxo principal e

outro termopar TC $_p$ é colocado na câmara plenum para medir a temperatura do fluxo secundário. A localização dos termopares na placa de teste é mostrada na Figura 6.11.

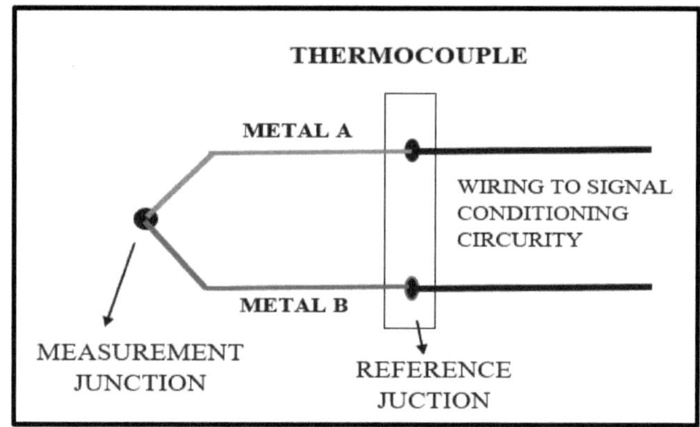

Figura 6.10 Termopar

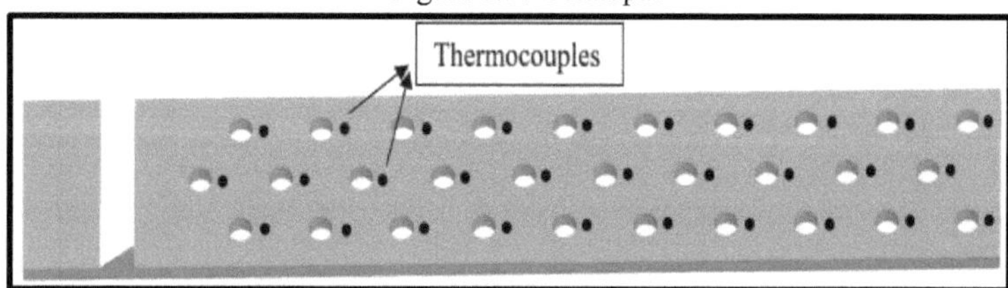

Figura 6.11 Localização dos termopares na placa de resfriamento de efusão

6.4 Procedimento Experimental

Os experimentos são realizados no equipamento de teste de resfriamento por efusão para coletar dados importantes sobre a eficácia adiabática da placa de teste em condições de estado estacionário. O estado estacionário é considerado alcançado quando a temperatura em um local específico permanece inalterada por aproximadamente 30 minutos. Quando é introduzida uma mudança nas condições de operação, leva cerca de 50 minutos para o sistema atingir um estado estacionário. No entanto, quando a experiência começa à temperatura ambiente, demora aproximadamente 1-2 horas para atingir um estado estacionário. Os seguintes procedimentos foram empregados para realizar a experimentação no equipamento de teste de resfriamento de efusão desenvolvido internamente.

1. Para iniciar a experimentação, o primeiro passo envolveu a instalação da bancada de testes, que foi equipada com seção de testes de efusão.

2. Um soprador de ar elétrico foi utilizado para fornecer o fluxo de ar primário (fluxo de corrente principal) para a seção de teste através do duto principal, aspirando ar à temperatura ambiente. A câmara plenum recebe um fluxo de ar frio (fluxo de ar secundário) de um compressor de ar, que é então direcionado para a seção de teste através dos orifícios de efusão.

3. A vazão mássica do fluxo de ar secundário é ajustada com base nas taxas de sopro usando um rotâmetro digital, enquanto o fluxo primário é mantido constante a uma vazão mássica fixa.

4. Quando o sistema atinge uma condição estável, as medições de temperatura

do derrame

parede da placa são capturados utilizando 32 termopares tipo K.

5. Para atingir a relação de densidade desejada entre o fluxo principal e o fluxo secundário, as temperaturas de entrada de ambos os fluxos são medidas usando dois termopares calibrados.

6. Os testes são repetidos múltiplas vezes, por cinco vezes, e a média aritmética dos

as leituras registradas são feitas para cálculos e análises subsequentes.

7. Após obter as temperaturas registradas mencionadas anteriormente, a eficácia adiabática da linha central é calculada experimentalmente.

8. Para investigar o impacto da introdução de uma rampa a montante dos orifícios de efusão, uma rampa com um ângulo de 14 ° e 24 ° é posicionada em frente à primeira fila de orifícios de efusão, a eficácia adiabática é medida.

9. Os testes de eficácia adiabática foram realizados várias vezes para garantir a replicação consistente dos resultados.

10. Para cada taxa de sopro, são registradas as temperaturas do fluxo principal, do fluxo secundário e da superfície de teste de efusão. Esses dados registrados são então analisados usando o software comercial MATLAB para calcular a eficácia adiabática da linha central usando uma equação específica.

6.5 Incerteza Experimental

Durante a experimentação, incertezas nas medições podem surgir de fatores como seleção do instrumento, condição do instrumento, condições ambientais, calibração, exame, avaliação e plano de teste. Para garantir a precisão dos experimentos, a análise de incerteza é necessária. As principais fontes de incerteza experimental em determinar a eficácia do resfriamento do filme durante as investigações atuais são atribuídas principalmente a

as medições de temperatura do fluxo primário, temperatura do líquido refrigerante e temperatura da parede. Estas medições são realizadas utilizando a técnica descrita por Kline e McClintock. [110]. As incertezas nos valores calculados de vários parâmetros são fornecidas abaixo.

- A incerteza relativa máxima da velocidade da corrente principal foi de ±2,1% para U_∞ na taxa de sopro 1,0

- A vazão mássica do refrigerante foi regulada e medida com precisão usando um controlador de vazão mássica que oferece uma precisão de 0,50% de toda a faixa. Para registrar as medições, todos os instrumentos foram conectados a um data logger Ajinkya Modelo IM2000.

- Temperatura de fluxo principal $T_\infty = +1,5\ ^\circ C$

- Temperatura de fluxo secundário $T_c = +0,5\ ^\circ C$

- Temperatura da parede da placa de teste de efusão $T_w = +7,5\ ^\circ C$

A incerteza da carga térmica é calculada usando a seguinte fórmula:

$$\frac{\Delta\eta}{\eta} = \frac{\sqrt{\left(\frac{\partial\eta}{\partial T_\infty}\right)^2 \Delta T_\infty^2 + \left(\frac{\partial\eta}{\partial T_c}\right)^2 \Delta T_c^2 + \left(\frac{\partial\eta}{\partial T_w}\right)^2 \Delta T_w^2}}{\eta}$$

$$= \sqrt{\frac{\Delta T_\infty^2 (T_w - T_c)^2}{(T_\infty - T_c)^2 (T_\infty - T_w)^2} + \frac{\Delta T_c^2}{(T_\infty - T_c)^2} + \frac{\Delta T_w^2}{(T_\infty - T_w)^2}}$$

$$= 2,9\%$$

Onde T_∞, T_c e T_w são a temperatura principal, a temperatura do líquido refrigerante e a temperatura da parede na superfície. A incerteza u da eficácia adiabática é calculada para a taxa de sopro 1,0 para o modelo de linha de base.

Capítulo 7

RESULTADOS EXPERIMENTAIS

7.1 Introdução

A seção apresenta os resultados de eficácia adiabática alcançados pela introdução de uma rampa a montante à frente da primeira fileira de buracos de efusão e, em seguida, compara-os com o modelo de linha de base obtido por meio de experimentação. Posteriormente, os resultados experimentais são comparados com os resultados numéricos obtidos no Capítulo 4. A melhoria observada na eficácia adiabática pode ser atribuída principalmente à separação e fixação do padrão de fluxo induzida pela colocação da rampa. Esta seção envolve a realização de testes independentes em uma placa de teste de efusão. O objetivo do estudo é investigar experimentalmente o desempenho do resfriamento por efusão em revestimentos de combustores em uma placa de teste plana com 20 fileiras de furos em linha dispostos com ângulo de injeção de 30 ° em diferentes taxas de sopro. Além disso, são examinados os efeitos da introdução de uma rampa a montante com ângulos de rampa de 14 ° e 24 ° na frente da primeira fileira de orifícios de efusão. Os resultados obtidos são então comparados com os do modelo de referência.

Os resultados experimentais neste capítulo são organizados e apresentados na seguinte sequência: (i) Comparação do modelo de linha de base, ângulo de rampa (α_1) = 14 °

e 24 ° na razão de sopro 0,25 para ângulo de injeção (α) = 30 ° (ii) Comparação do modelo de linha de base, ângulo de rampa (α ₁) = 14 °, e 24 ° na razão de sopro 1,0 para ângulo de injeção (α) = 30 °, e (iii) finalmente Comparação do modelo de linha de base, ângulo de rampa (α ₁) = 14 ° e 24 ° na relação de sopro 3,2 para ângulo de injeção (α) = 30 °.

7.2 Validação de Resultados Experimentais e Numéricos

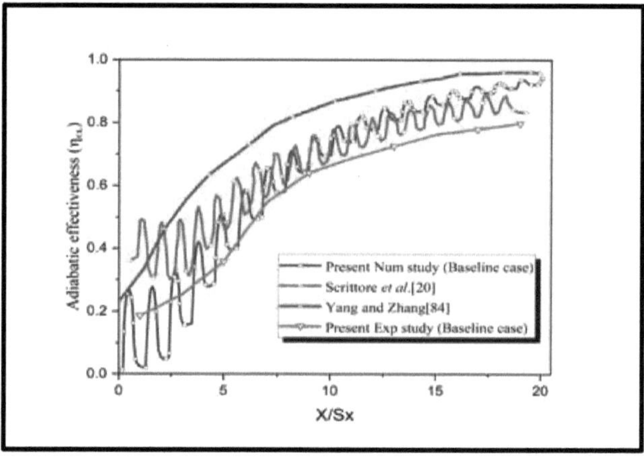

Figura 7.1 Comparação da eficácia adiabática do sistema de resfriamento por efusão no presente estudo com a relatada na literatura.

A distribuição de eficácia adiabática obtida dos termopares foi validada comparando-a com os resultados de investigadores anteriores, conforme mostrado na Figura 7.1. Esta validação foi realizada para taxa de sopro de 3,2 para o modelo base, com ângulo de injeção de $^{30°}$. Os resultados obtidos a partir das distribuições de eficácia adiabática apresentam uma concordância clara e favorável com os resultados relatados em [20,84]. As variações observadas na eficácia adiabática global podem ser atribuídas às

136

diferenças nas propriedades adiabáticas da placa de teste e nas condições de entrada. Durante as investigações experimentais, a eficácia adiabática é medida imediatamente a jusante dos furos.

7.3 Resultados e Discussão

7.3.1 Efeito da rampa a montante com relação de sopro 0,25

Para cada relação de sopro, no caso do modelo de linha de base, a eficácia adiabática mostra um aumento gradual da primeira fileira de furos de injeção até a última fileira de furos de injeção e continua a aumentar a jusante. Este fenômeno pode ser atribuído ao acúmulo de refrigerante da fileira adjacente anterior. Quando uma rampa a montante é colocada à frente da primeira fila de furos de efusão, a eficácia adiabática mostra um aumento exponencial nas poucas filas iniciais de furos em comparação com o modelo de linha de base. Contudo, na região posterior a jusante, a eficácia adiabática aumenta de forma mais típica, seguindo a tendência esperada. Na ausência de uma rampa a montante, há um aumento notável na pressão logo a montante do furo de resfriamento do filme devido à interação entre a camada limite que se aproxima e o jato de resfriamento. A introdução de uma rampa a montante leva a uma redução significativa na pressão estática a montante de cada furo de resfriamento do filme. Esta redução de pressão é causada pelo redirecionamento do fluxo da camada limite para cima devido à presença da rampa a montante. Como resultado, o gradiente de pressão na placa plana, posicionada imediatamente antes do orifício de resfriamento do filme, é notavelmente reduzido. Como resultado, a interação entre o fluxo da camada limite e os jatos de resfriamento do filme ocorre acima da superfície da placa plana, devido à presença da rampa a montante. Na Figura 7.2, a eficácia adiabática global é aumentada em 10% e 22% quando uma rampa a montante é introduzida com ângulos de rampa de 14° e 24° graus, respectivamente.

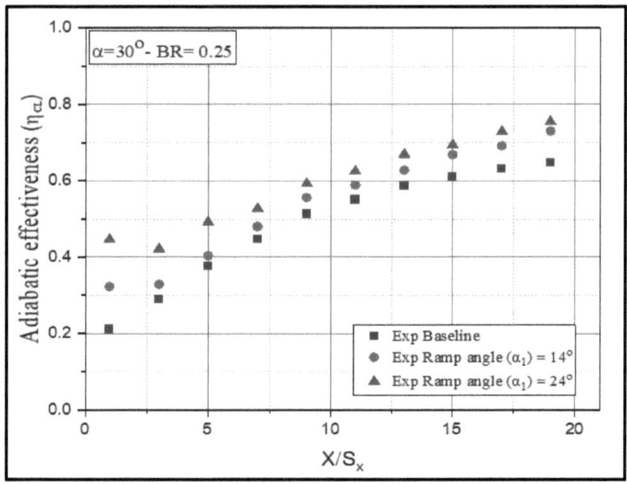

Figura 7.2 Eficácia adiabática da linha central com e sem rampa para BR = 0,25.

7.3.2 Efeito da rampa a montante com relação de sopro 1,0 e 3,2.

A mesma tendência é observada para uma relação de sopro de 1,0 e 3,2, conforme descrito na Seção 7.3.1. A eficácia adiabática mostra uma melhoria com um aumento de 7,5% quando é utilizada uma rampa com ângulo de 14° e a18 % de aumento quando uma rampa com 24 ° é empregada conforme mostrado na Figura 7.3. Para uma relação de sopro (BR) de 3,2 observa-se um aumento de 7% e 14% na eficácia adiabática ao utilizar ângulos de rampa de 14 ° e 24 °, respectivamente, em comparação com o

138

modelo base. O efeito da rampa a montante nas taxas de sopro 1,0 e 3,2 é mostrado na

Figura 7.3 e 7.4 respectivamente.

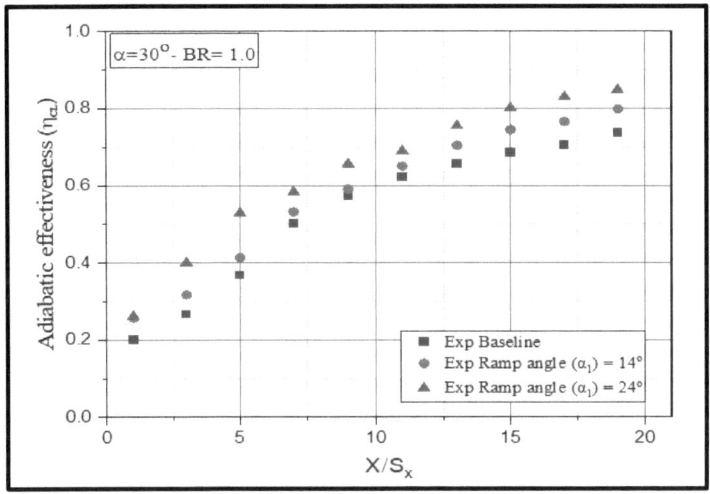

Figura 7.3 Eficácia adiabática da linha central com e sem rampa para BR = 1,0

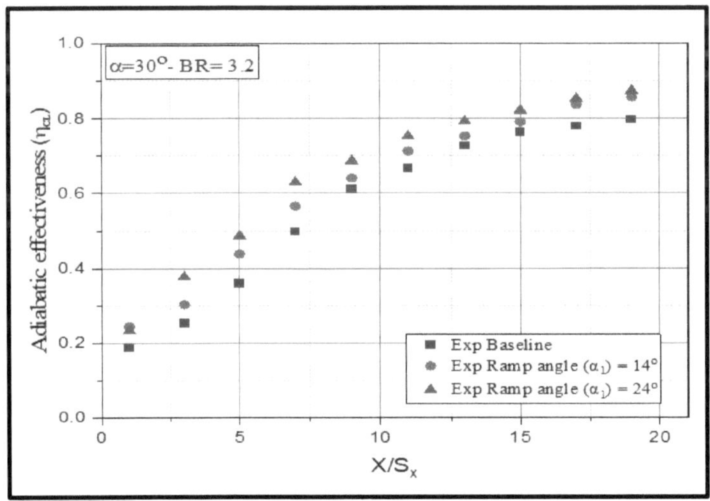

Figura 7.4 Eficácia adiabática da linha central com e sem rampa para BR = 3,2

7. 4 Resultados Computacionais e Experimentais Combinados

Os resultados da eficácia adiabática são primeiro comparados para a taxa de sopro 0,25 usando dados experimentais e numéricos, considerando diferentes ângulos a montante e o modelo de linha de base. Posteriormente, a comparação é estendida para incluir taxas de sopro de 1,0 e 3,2. A Figura 7.5, Figura 7.6 e Figura 7.7 apresentam uma comparação da variação da eficácia adiabática média lateralmente, conforme determinada pelos métodos experimentais e numéricos atuais, para diferentes relações de sopro BR 0,25,1,0 e 3,2. A tendência geral dos resultados experimentais e numéricos é aceitável, mostrando uma discrepância de aproximadamente 15-20% na região da superfície para todos os casos. na verdade, a provável razão para a inconsistência nos resultados pode ser atribuída ao uso de um modelo isotrópico para a geometria do fluxo, apesar da presença esperada de forte anisotropia no fluxo real. Além disso, variações observadas em outras regiões podem surgir de perdas que ocorrem durante o processo de experimentação e de potenciais erros geométricos na configuração.

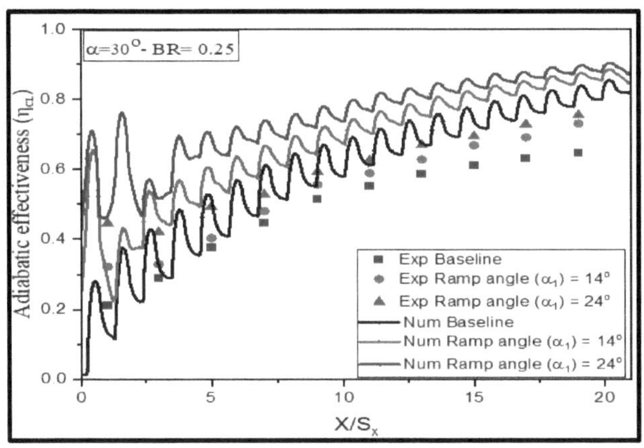

Figura 7.5 Comparação da eficácia adiabática obtida através de métodos experimentais e numéricos para BR = 0,25

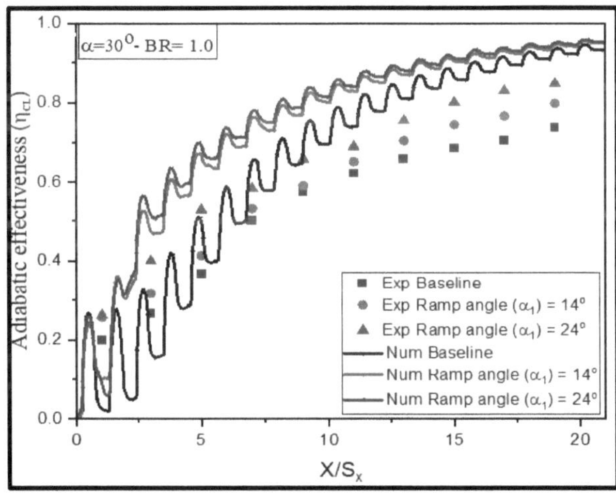

Figura 7.6 Comparação da eficácia adiabática obtida através de métodos experimentais e numéricos para BR = 0,25

141

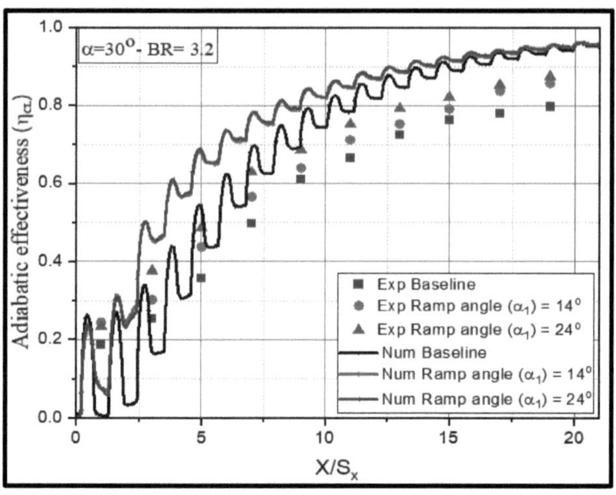

Figura 7.7 Comparação da eficácia adiabática obtida através de métodos
experimentais e numéricos para BR = 3,2

7.5 Resumo

O experimento foi conduzido em túnel de vento de baixa velocidade utilizando uma
placa plana de Plexiglas, que possui menor condutividade térmica (k = 0,45 W/m2K)
e propriedades favoráveis de usinabilidade. Os testes de resfriamento por efusão foram
realizados com um total de 20 fileiras de furos alinhados no sentido do fluxo, e o
espaçamento dos furos tanto no sentido do fluxo quanto no sentido da extensão foi
ajustado em Sx /d = Sy/d = 4,9. Dois ângulos de rampa diferentes (α1) 14 ° e 24 ° foram
empregados para avaliar o impacto da rampa a montante. O ângulo de rampa de 34° [foi]
excluído da experimentação devido à sua tendência de perturbar o fluxo principal e
afetar a temperatura do fluxo principal. Termopares foram utilizados para medir as
temperaturas do fluxo principal, do fluxo do refrigerante e da superfície durante o

142

experimento. Ao registrar os valores de temperatura observados pelos termopares, foi calculada a eficácia adiabática. A concordância geral entre os resultados experimentais e numéricos é considerada aceitável, com disparidades de cerca de 15-20% observadas na região da superfície em todos os casos. A causa provável para estas discrepâncias reside na utilização de um modelo isotrópico para a geometria do fluxo, apesar da presença prevista de anisotropia significativa no fluxo real. Além disso, variações observadas em outras regiões podem ser atribuídas a perdas ocorridas durante o processo de experimentação e potenciais imprecisões geométricas na configuração.

Capítulo 8

CONCLUSÃO E ESCOPO FUTURO

8.1 Conclusão

O foco principal do presente estudo é aumentar a eficácia adiabática de um sistema de resfriamento por efusão, incorporando uma rampa a montante na frente da primeira fileira de orifícios de efusão, juntamente com a utilização de orifícios moldados. A medição da eficácia adiabática da rampa a montante foi realizada através de métodos computacionais e experimentais. A análise computacional foi realizada utilizando o software comercial COMSOL Multi-physics 5.5a. No entanto, apenas a análise computacional foi realizada para a avaliação dos furos moldados. O método computacional atual não apenas permite uma visualização clara, mas também facilita uma melhor compreensão da física do fluxo dentro do sistema de resfriamento das camisas de combustão de turbinas a gás. Na presente investigação, foram examinadas taxas de sopro de 0,25, 1,0 e 3,2. Ao longo do estudo, descobriu-se que o ângulo de injeção de 30° proporciona maior eficiência em comparação com o ângulo de injeção de 60° . Portanto, a escolha preferida para o ângulo de injeção neste estudo é 30° . Os ângulos de rampa 14° , 24° e 34° foram utilizados para estudar o efeito da rampa a montante. Para garantir a precisão e confiabilidade dos resultados da simulação neste estudo, eles foram validados comparando-os com medições realizadas na técnica de resfriamento por efusão disponível na literatura científica. Além disso, o modelo tridimensional

foi validado usando medições obtidas em um equipamento de teste de canal de resfriamento de efusão desenvolvido no NIT Srinagar. No presente estudo, a avaliação de desempenho foi realizada quantificando o aumento percentual na eficácia adiabática e no desempenho térmico.

Os resultados do estudo podem ser resumidos da seguinte forma:

1. A eficiência adiabática é maior no ângulo de injeção de 30° em comparação com o ângulo de injeção de 60°. Para baixo BR, o jato de refrigerante permanece mais próximo da superfície sem penetrar no fluxo principal e evita que os gases quentes atinjam a superfície. Esta interação prolongada resulta em valores mais elevados de transferência de calor por convecção em comparação com ângulos de injeção mais elevados. Em BRs mais elevados , o jato de refrigerante penetra no fluxo principal que arrasta os gases quentes para mais perto da superfície.

2. As descobertas indicam que a combinação do ângulo de rampa (altura) e da taxa de sopro tem um impacto nas características de resfriamento do filme a jusante dos orifícios de resfriamento por efusão.

3. No caso do modelo de linha de base sem rampa a montante, observou-se que a eficácia adiabática global aumenta com taxas de sopro mais altas, de 0,25 a 5,0.

4. Observou-se que a colocação de uma rampa a montante tem um impacto significativo na região inicial, particularmente nas primeiras filas de furos onde $X/S_x < 5$, em comparação com a região a jusante onde $X/S_x > 5$, particularmente para BRs baixos. No caso de uma taxa de sopro elevada, ocorre um acúmulo significativo de refrigerante a jusante dos orifícios de efusão. Esta acumulação leva a um efeito de superposição, resultando num aumento na eficácia adiabática dentro da região entre $X/Sx = 5$ e $X/Sx = 20$. Este fenômeno contribui para o melhor desempenho da transferência de calor naquela região específica.

5. Em uma taxa de sopro baixa BR = 0,25, a eficácia adiabática média da área ($\bar{\eta}$) é aumentada em 29%, 31% e 35% quando rampas a montante são introduzidas em ângulos de 14 °, 24 ° e 34 ° respectivamente, em comparação com o modelo de linha de base.

6. Com uma taxa de sopro de 1,0, observou-se que a eficácia adiabática média da área aumenta em 26%, 27% e 29%, respectivamente, ao utilizar os ângulos de rampa especificados.

7. Para uma taxa de sopro elevada de 5,0, o aumento percentual na eficácia adiabática média da área é de 26% para todos os ângulos de rampa quando comparado com o modelo de linha de base. Isto indica que, em taxas de sopro elevadas, a escolha dos ângulos de rampa não impacta significativamente a eficácia adiabática.

8. Em comparação com os furos cilíndricos, os furos moldados proporcionam maior eficácia adiabática na placa de efusão. A eficácia adiabática global aumenta à medida que a taxa de sopro aumenta de 0,25 para 3,2.

9. Em taxas de sopro baixas, os furos em formato cônico são preferíveis aos furos cilíndricos e em leque. A formação de anti-CRVs na saída da geometria do furo proporciona maior distribuição lateral do líquido refrigerante na superfície. Em baixo BR 0,25, a eficácia adiabática dos furos de formato cônico foi 25% e 19% maior do que os furos de formato cilíndrico e trapezoidal, respectivamente.

10. Em altas taxas de sopro 1,0 e 3,2, os furos em forma de leque são preferíveis aos outros furos em formato. Devido ao formato difuso na saída da geometria do furo, a velocidade do jato de refrigerante é reduzida, o que por sua vez diminui a mistura entre o jato de refrigerante e a corrente principal. Isto faz com que o líquido refrigerante permaneça próximo à superfície e aumenta a dispersão lateral do líquido refrigerante.

11. A uma taxa de sopro intermediária de 1,0, observou-se que os furos trapezoidais proporcionam uma eficácia adiabática 21% e 10% maior em comparação com os furos de formato cilíndrico e cônico, respectivamente. Além disso, com um aumento na taxa de sopro para 3,2, a eficácia dos furos em forma de leque aumentou ainda mais para 13% e 4% em comparação com os furos cilíndricos e cônicos, respectivamente.

8.2 Escopo futuro

O túnel de vento do equipamento de teste experimental serviu como uma plataforma adequada para pesquisas de resfriamento por efusão. Facilita o exame de múltiplas placas de teste com instrumentação mínima e tempo de resposta rápido. Embora o túnel de vento personalizado tenha sido utilizado para o presente estudo, pode haver requisitos ou restrições específicas que precisam ser abordadas em pesquisas futuras. As condições de fluxo na seção de teste permaneceram relativamente constantes e uniformes, permitindo a obtenção de condições de estado estacionário para velocidade e temperatura. Aqui estão algumas recomendações propostas para o desenvolvimento e melhoria do presente trabalho:

1. Explorar os vários formatos de furos no resfriamento por efusão, como configurações trapezoidais difusas e em forma de leque descontraída, aumentando a área de saída de modo que a velocidade média do fluxo secundário na saída dos furos diminua, aumentando a propagação lateral do refrigerante.

2. Para aumentar a precisão das previsões computacionais, recomenda-se incorporar modelos de turbulência como o LES. Além disso, o modelo deverá passar por validação por meio de estudos experimentais utilizando os resultados previstos.

3. Para determinar o fluxo de calor através da placa, recomenda-se implementar a metodologia de imagem de câmera infravermelha (IR) desenvolvida nos lados frontal e traseiro da placa de efusão.

4. Recomenda-se um estudo paramétrico mais abrangente da rampa a montante acima mencionada no sistema de resfriamento por efusão.

5. É aconselhável prosseguir com a experimentação para os furos moldados apresentados neste estudo.

6. Integração de resfriamento de efusão com resfriamento por impacto ou transpiração

As recomendações propostas têm o potencial de aumentar a eficácia adiabática no sistema de resfriamento por efusão, melhorando assim as características de desempenho das camisas de combustão de turbinas a gás.

REFERÊNCIAS

[1] Cérebro, M. (2000). Como funcionam os motores de turbina a gás. Como funciona a ciência, 1.

[2] Cerri, G., Giovannelli, A., Battisti, L., & Fedrizzi, R. (2007). Avanços nas técnicas de resfriamento efusivo de turbinas a gás. Engenharia Térmica Aplicada, 27(4), 692–698. https://doi.org/10.1016/j.applthermaleng.2006.10.012

[3] Qayoum, A., & Panigrahi, P. (2019). Investigação experimental da melhoria da transferência de calor em um duto quadrado de duas passagens por nervuras permeáveis. Engenharia de transferência de calor, 40(8), 640–651. https://doi.org/10.1080/01457632.2018.1436649

[4] Rasool, A. e Qayoum, A. (2018). Análise numérica de transferências de calor e fator de atrito em canais de dois passes com formatos de nervuras variáveis. Jornal Internacional de Calor e Tecnologia, 36(1).

[5] Rasool, A. e Qayoum, A. (2018). Investigação Numérica do Fluxo de Fluidos e Transferência de Calor em um Canal de Duas Passagens com Nervuras Perfuradas. Pertanika J. Sci. & Technol, 26(4), 2009–2029.

[6] Kim, KM, Yun, N., Jeon, YH, Lee, DH e Cho, HH (2010). Análise de falhas na seção posterior do revestimento de combustão de turbina a gás sob operação com carga base. Análise de falhas de engenharia, 17(4), 848–856. https://doi.org/10.1016/j.engfailanal.2009.10.018

[7] Eckert, ERG e Livingood , JN (1953). Comparação da eficácia dos métodos de convecção, transpiração e resfriamento de filme com ar como refrigerante (Vol. 1182). Comitê Consultivo Nacional de Aeronáutica.

[8] Bhuvana , RG, Srinivasan, SA e Thanikaivel Murugan, D. (2018). Análise CFD do efeito do ângulo de turbulência na câmara de combustão de turbinas a gás. Série de Conferências IOP: Ciência e Engenharia de Materiais, 402(1). https://doi.org/10.1088/1757-899X/402/1/012206

[9] Boyc , MP (2011). Manual de Engenharia de Turbinas a Gás, Quarta Edição. No Manual de Engenharia de Turbinas a Gás, Quarta Edição. https://doi.org/10.1016/C2009-0-64242-2

[10] Howell, JR (1998). O método Monte Carlo na transferência de calor radiativo. Sociedade Americana de Engenheiros Mecânicos, Divisão de Transferência de Calor, (Publicação) HTD, 357(1), 1–19.

[11] Grootenhuis , P. (1959). O mecanismo e aplicação do resfriamento por efusão. O Jornal Aeronáutico, 63(578), 73-89.

[12] Krewinkel , R. (2013). Uma revisão dos estudos de resfriamento por efusão de turbinas a gás. No Jornal Internacional de Transferência de Calor e Massa (Vol. 66, pp. 706–722).

https://doi.org/10.1016/j.ijheatmasstransfer.2013.07.071

[13] Crawford, ME, Kays, WM e Moffat, RJ (1980). Resfriamento de filme com cobertura total – parte I: comparação de dados de transferência de calor para três ângulos de injeção. 1000-1005.

[14] Andrews, GE, Asere , AA, Gupta, ML, & Mkpadi , MC (1990). Resfriamento por efusão: a influência do número de furos. Anais da Instituição de Engenheiros Mecânicos, Parte A: Journal of Power and Energy, 204(3), 175-182.

[15] Eckert, ERG, Asme , M., & Ramsey, JW (1968). Resfriamento de filme com injeção através de furos: temperaturas adiabáticas de parede a jusante de um furo circular. http://www.asme.org/about-asme/terms-of-use

[16] Zuckerman, N. e Lior, N. (2006). Transferência de calor por impacto de jato: Física, correlações e modelagem numérica . Avanços na transferência de calor, 39 (C), 565–631. https://doi.org/10.1016/S0065-2717(06)39006-5

[17] Ligrani , P., Goodro , M., Fox, MD, & Moon, HK (2015). Resfriamento de filme com cobertura total: coeficientes de transferência de calor e eficácia do filme para uma matriz de furos esparsos em diferentes taxas de sopro e taxas de contração. Jornal de Transferência de Calor, 137(3), 032201.

[18] Ligrani , P., Goodro , M., Fox, M., & Moon, HK (2012). Resfriamento de filme com cobertura total: eficácia do filme e coeficientes de transferência de calor para matrizes de furos densos e esparsos em diferentes taxas de sopro. ASME Transactions-Journal of Turbomachinery, 134(6), pp.

[19] Lee, J., Ren, Z., Ligrani , P., Lee, DH, Fox, MD e Moon, HK (2014). Efeitos de fluxo cruzado na transferência de calor da matriz de impacto com distância variável

da placa jato-alvo e espaçamento entre furos. Jornal internacional de transferência de calor e massa, 75, 534-544.

[20] Scrittore , JJ, Thole, KA, & Burd , SW (2007). Investigação de perfis de velocidade para resfriamento por efusão de um revestimento de combustor. Journal of Turbomachinery, 129(3), 518–526. https://doi.org/10.1115/1.2720492

[21] Baldauf , S., Schulz, A., & Wittig, S. (2001). Medições de alta resolução da eficácia local do resfriamento de filme com furo discreto. J. Turbomach ., 123(4), 758-765.

[22] Baldauf , S., Schulz, A., & Wittig, S. (2001). Medições de alta resolução de coeficientes locais de transferência de calor a partir do resfriamento de filme de furo discreto. J. Turbomach ., 123(4), 749-757.

[23] Yuen, CHN e Martinez-Botas, RF (2005). Características de resfriamento de filme de fileiras de furos redondos em vários ângulos em sentido de fluxo em um fluxo cruzado: Parte I. Eficácia. Jornal Internacional de Transferência de Calor e Massa, 48(23-24), 4995-5016.

[24] Coulthard, SM, Volino , RJ e Flack, KA (2006). Efeito de comprimentos iniciais não aquecidos em experimentos de resfriamento de filmes. Journal of Turbomachinery, 128(3), 579–588.

[25] Saumweber , C. (2004). Interação das fileiras de resfriamento de filme: Efeitos da geometria dos furos e do espaçamento entre fileiras no desempenho de resfriamento a jusante da segunda fileira de furos. J. Turbomach ., 126(2), 237-246.

[26] Bogard , DG, Schmidt, DL, & Tabblta , M. (1996). Caracterização e simulação laboratorial da rugosidade superficial de aerofólios de turbinas e transferência de calor

associada. Congresso e Exposição Internacional de Turbinas a Gás e Aeromotores ASME 1996, GT 1996, 4. https://doi.org/10.1115/96-GT-386

[27] Bons, JP, MacArthur, CD, & Rivir , RB (1994). o efeito da alta turbulência de fluxo livre na eficácia do resfriamento do filme. Anais da ASME Turbo Expo, 4. https://doi.org/10.1115/94-GT-051

[28] Pietrzyk , JR, Bogard , DG e Crawford, ME (1989). Medições hidrodinâmicas de jatos em fluxo cruzado para aplicações de resfriamento de filmes em turbinas a gás. Journal of Turbomachinery, 111(2), 139–145. https://doi.org/10.1115/1.3262248

[29] Walters, DK e Leylek , JH (1997). Uma metodologia computacional sistemática aplicada a um campo de fluxo tridimensional de resfriamento de filme. ASME 1996 Congresso e Exposição Internacional de Turbinas a Gás e Aeromotores, 119: 777-785.

[30] Hu, Y. e Ji, H. (2004). Estudo numérico do efeito do ângulo de sopro na eficácia do resfriamento de um resfriamento por efusão. Dentro Turbo Expo: Poder para Terra, Mar e Ar (Vol. 41685, pp. 877-884).

[31] Metzger, DE, Kuenstler, PA e Takeuchi, DI (1976). Transferência de calor com resfriamento do filme dentro e a jusante de uma a quatro fileiras de orifícios de injeção normais. Sociedade Americana de Engenheiros Mecânicos (artigo), 76-GT-83, 1–8.

[32] Bell, CM, Hamakawa , H., & Ligrani , PM (2000). Resfriamento do filme a partir de orifícios moldados. J. Transferência de Calor, 122(2), 224-232.

[33] Sen, B., Schmidt, DL, & Bogard , DG (1996). Resfriamento de filme com furos angulares compostos: Transferência de calor. Journal of Turbomachinery, 118(4), 800–806. https://doi.org/10.1115/1.2840937

[34] Sinha, AK, Bogard , DG e Crawford, ME (1991). Eficácia do resfriamento do filme a jusante de uma única fileira de furos com taxa de densidade variável. http://www.asme.org/about-asme/terms-of-use

[35] Goldstein, RJ, Eckert, ERG e Ramsey, JW (1968). Resfriamento do filme com injeção através de furos: temperaturas adiabáticas da parede a jusante de um furo circular. J. Engenharia de Energia: 384-395.

[36] Felix, J., Rajendran, R., Kumar, GN, Babu, YG, Karthik, MK e Ramesha , DK (2019). Investigação experimental e numérica do desempenho do resfriamento por efusão em modelo de placa plana de revestimento de combustor. Engenharia de transferência de calor, 40(15), 1286–1298. https://doi.org/10.1080/01457632.2018.1460935

[37] Sinha, AK, Bogard , DG e Crawford, ME (1991). Eficácia do resfriamento do filme a jusante de uma única fileira de furos com taxa de densidade variável. http://www.asme.org/about-asme/terms-of-use

[38]Goldstein, RJ (2016). Resfriamento de filme com grandes diferenças de densidade entre o fluido principal e o fluido secundário medido pela massa térmica. 99 (novembro de 1977), 620–627.

[39] Le, BPV, Launder, BE, & Priddin , CH (1971). Injeção de furo discreto como meio de resfriamento por transpiração - um estudo experimental. Fluxo de fluido térmico, 3(2), 81-89.

[40] Launder, BE e York, J. (1974). Resfriamento de furo discreto na presença de turbulência de fluxo livre e forte gradiente de pressão favorável. Jornal Internacional de Transferência de Calor e Massa, 17(11), 1403-1409.

[41] Foster, NW e Lampard, D. (1980). A eficácia do fluxo e do resfriamento do filme após a injeção através de uma fileira de furos. *J. Engenharia de Energia* 102: 584-588.

[42] Yoshida, T. e Goldstein, RJ (1984). Sobre a natureza dos jatos que saem de uma fileira de buracos em um fluxo principal com baixo número de Reynolds . Jornal de Engenharia para Turbinas a Gás e Energia, 106(3), 612–618. https://doi.org/10.1115/1.3239614

[43] Pietrzyk , JR, Bogard , DG e Crawford, ME (1989). Medições hidrodinâmicas de jatos em fluxo cruzado para aplicações de resfriamento de filmes em turbinas a gás. Journal of Turbomachinery, 111(2), 139–145. https://doi.org/10.1115/1.3262248

[44] Ekkad , SV, Zapata, D., & Han, JC (1995). Eficácia do filme sobre uma superfície plana com injeção de ar e CO_2 através de furos angulares compostos usando um método de imagem de cristal líquido transiente. Anais da ASME Turbo Expo, 4 (julho de 1997). https://doi.org/10.1115/95-GT-011

[45] Ekkad , SV, Zapata, D., & Han, JC (1997). Coeficientes de transferência de calor sobre uma superfície plana com injeção de ar e $CO2$ através de furos angulares compostos usando um método de imagem de cristal líquido transitório. ASME Journal of Turbomachinery, 119(2), 580–585.

[46] Gritsch , M., Schulz, A., & Wittig, S. (1998). Medições de eficácia de parede adiabática de furos de resfriamento de filme com saídas expandidas. 549-556

DOI: 10.1115/97-GT-164 10

[47] Zaman, KB e Foss, JK (1997). O efeito de geradores de vórtices em um jato em fluxo cruzado. Física dos Fluidos, 9(1), 106-114.

DOI: 10.1063/1.869154

[48] Nasir, H., Ekkad , SV, & Acharya, S. (2003). Resfriamento de filme de superfície plana a partir de furos cilíndricos com abas discretas. Jornal de termofísica e transferência de calor, 17(3), 304-312.

DOI: 10.2514/2.6786

[49] Haven, BA e Kurosaka , M. (1996). Melhor cobertura do jato através do cancelamento de vórtice. Revista AIAA, 34(11), 2443-2444.

DOI: 10.2514/3.13419

[50] Yoshida, T. e Goldstein, RJ (1984). Sobre a natureza dos jatos que saem de uma fileira de buracos em um fluxo principal de baixo número de Reynolds. Jornal ASME de Engenharia para Turbinas a Gás e Energia, Vol. 106, pp.

[51] Garg, V. e Gaugler , R., 1995, "Efeito da distribuição de velocidade e temperatura na saída do furo no resfriamento do filme das pás da turbina", artigo ASME nº 95-GT-275.

[52] Subramanian, CS, Ligrani , PM, Green, JG, Doner, W., & Kaisuwan , P. (1992). Desenvolvimento e estrutura de um jato de resfriamento de filme em uma camada limite turbulenta com transferência de calor. Fenômenos de transporte de máquinas rotativas;, 53-68.

[53] Benz, E., Wittig, S., Beeck , A., & Fottner , L. (1993). Análise de jatos de resfriamento próximos ao bordo de ataque das pás da turbina. AGARD, Avaliação Computacional e Experimental de Jatos em Fluxo Cruzado 12 p(VER N 94-28003 07-34).

[54] Leylek , JH e Zerkle , RD (1994). Resfriamento de filme por jato discreto: uma comparação de resultados computacionais com experimentos. ASME JOURNAL TURBOMACHINERY, vol. 116, pp.

[55] Lee, SW, Lee, JS e Ro, ST (1994). Estudo experimental das características de escoamento de jatos inclinados em fluxo cruzado em placa plana. ASME JOURNAL OF TURBOMACHTNERY, Vol. 116, pp. 97-105.

[56] Pietrzyk , JR, Bogard , DG e Crawford, ME (1989). Medições hidrodinâmicas de jatos em fluxo cruzado para aplicações de resfriamento de filmes em turbinas a gás. pp. 1139-145.

[57] Jubran , B., & Brown, A. (junho). Resfriamento do filme a partir de duas fileiras de furos inclinados nas direções do fluxo e da extensão. Na 29ª Conferência e Exposição Internacional de Turbinas a Gás. Jornal de Engenharia para Turbinas a Gás e Energia, Vol. 107, pp. 84-91.

[58] Berhe , MK (1997). Um estudo numérico de resfriamento de filmes de furos discretos. Universidade de Minnesota. *Papel ASME* 96-WA/HT-8.

[59] Acharya, S., Tyagi, M., & Hoda, A. (2001). Previsões de fluxo e transferência de calor para resfriamento de filmes. Anais da Academia de Ciências de Nova York, 934(1), 110-125.

[60] Launder, BE e Spalding, DB (1983). O cálculo numérico de fluxos turbulentos. Na previsão numérica de fluxo, transferência de calor, turbulência e combustão (pp. 96-116). Pérgamo.

[61] Patankar , SV, Rastogi, AK e Whitelaw, JH (1973). A eficácia dos slots de resfriamento de filmes tridimensionais – II. Previsões. Jornal Internacional de Transferência de Calor e Massa, 16(9), 1673-1681.

[62] Demuren , AO, Rodi , W., & Scho¨nung , B. (1986) . Estudo sistemático do resfriamento de filmes com procedimento de cálculo tridimensional. *Jornal ASME de Turbomáquinas.* 108: 124-130.

[63] Tafti , DK e Yavuzkurt , S. (1990). Predição de características de transferência de calor para resfriamento de filme de furo discreto para aplicações em pás de turbina. *Transações da ASME* 112: 504-511.

[64] Rasool, A. e Qayoum , A. (2018). Análise numérica da transferência de calor e fator de atrito em canais de dois passes com formatos de nervuras variáveis. Jornal Internacional de Calor e Tecnologia, 36(1).

[65] Shih, TI, Lin, YL, Chyu , MK, & Gogineni , S. (1999, junho). Cálculos de resfriamento de filme a partir de furos com suportes. Na Turbo Expo: Potência para Terra, Mar e Ar (Vol. 78606, p. V003T01A085). Sociedade Americana de Engenheiros Mecânicos.

[66] Nasir, H., Ekkad , SV, & Acharya, S. (2003). Resfriamento de filme de superfície plana a partir de furos cilíndricos com abas discretas. Jornal de termofísica e transferência de calor, 17(3), 304-312.

[67] Bunker, RS (2002, janeiro). Eficácia de resfriamento do filme devido a furos discretos dentro de uma fenda de superfície transversal. Dentro Turbo Expo: Poder para Terra, Mar e Ar (Vol. 36088, pp. 129-138).

[68] Barigozzi , G., Franchini , G., & Perdichizzi , A. (2007, janeiro). O efeito de uma rampa a montante no resfriamento de filmes cilíndricos e em forma de leque: Parte II - Resultados de eficácia adiabática. Dentro Turbo Expo: Poder para Terra, Mar e Ar (Vol. 47934, pp. 115-123).

[69] Chen, SP, Chyu , MK e Shih, TIP (2011). Efeitos da rampa upstream no desempenho do resfriamento do filme. Revista internacional de ciências térmicas, 50(6), 1085-1094.

[70] Andrews, GE, Asere , AA, Gupta, ML, & Mkpadi , MC (1985, março). Resfriamento de filme com furo discreto de cobertura total: a influência do tamanho do furo. Na Turbo Expo: Potência para Terra, Mar e Ar (Vol. 79405, p. V003T09A003). Sociedade Americana de Engenheiros Mecânicos.

[71] Andrews, GE, Alikhanizadeh , M., Tehrani, FB, Hussain, CI, & Azari, MK (1988). Furos de resfriamento de filme de pequeno diâmetro: a influência do tamanho e passo do furo. Jornal Internacional de Motores Turbo e Jato, 5(1-4), 61-72.

[72] Andrews, GE, Khalifa, IM, Asere , AA e Bazdidi -Tehrani, F. (1995). Resfriamento de filme de efusão de cobertura total com furos inclinados (Vol. 78811, p. V004T09A045). Sociedade Americana de Engenheiros Mecânicos.

[73] Quan, D., Li, J., Liu, G., Liu, S. e Xu, D. (2004). Sobre como melhorar a eficácia do resfriamento do Lamilloy com técnica infravermelha. Xibei Gongye Daxue Xuebao /Journal of Northwestern Polytechnical University(China), 22(5), 554-558.

[74] Sweeney, PC e Rhodes, JF (2000). Uma técnica infravermelha para avaliar projetos de resfriamento de aerofólios de turbinas . J. Turbomach ., 122(1), 170-177.

[75] Ekkad , SV, Ou, S., & Rivir , RB (2004). Um método de termografia infravermelha transitória para medições simultâneas da eficácia do resfriamento do filme e do coeficiente de transferência de calor em um único teste. J. Turbomach ., 126(4), 597-603.

[76] Kohil , A., & Bogard , DG (1999, junho). Efeitos do formato do furo no resfriamento do filme com injeção em grande ângulo. Dentro Turbo Expo: Poder para

Terra, Mar e Ar (Vol. 78606, p. V003T01A045). Sociedade Americana de Engenheiros Mecânicos.

[77] Sun, X., Zhao, G., Jiang, P., Peng, W. e Wang, J. (2018). Influência da geometria do furo na eficácia do resfriamento do filme para uma área de fluxo de saída constante. Engenharia Térmica Aplicada, 130, 1404-1415.

[78] Goldstein, RJ, Eckert, ERG, & Burggraf , F. (1974). Efeitos da geometria e densidade do furo no resfriamento de filmes tridimensionais. Jornal Internacional de transferência de calor e massa, 17(5), 595-607.

[79] Ligrani , PM, Ciriello , S., & Bishop, DT (1992). Transferência de calor, eficácia adiabática e distribuições de injetores a jusante de uma única fileira e duas fileiras escalonadas de furos de resfriamento de filme em ângulo composto. ASME J. Turbomáquinas, Vol. 114, pp.

[80] Ligrani , PM, Wigle , JM, Ciriello , S., & Jackson, SM (1994). Resfriamento de filme a partir de furos com orientações de ângulo composto: Parte 1 - Resultados a jusante de duas fileiras escalonadas de furos com espaçamento 3D Spanwise. Jornal de Transferência de Calor, 116(2), 341–352. https://doi.org/10.1115/1.2911406

[81] Ligrani , PM, Wigle , JM, Ciriello , S., & Jackson, SM (1995). Resfriamento de filme a partir de furos com orientações de ângulo composto: Parte 2 - Resultados a jusante de duas fileiras escalonadas de furos com espaçamento 3D Spanwise. Jornal de Transferência de Calor, 116(1), 346–358.

[82] Sen, B., Schmidt, DL, & Bogard , DG (1994). Resfriamento de filme com furos de ângulo composto: transferência de calor. Anais da ASME Turbo Expo, 4 (outubro de 1996). https://doi.org/10.1115/94-GT-311

[83] Thole, K., Gritsch , M., Schulz, A., & Wittig, S. (1998). Medições de campo de fluxo para furos de resfriamento de filme com saídas expandidas. ASME J. Turbomach . ,120(4), 327–336.

[84] Chengfeng , Y. e ZHANG, J. (2012). Influência do arranjo multifuros no desenvolvimento do filme de resfriamento. Jornal Chinês de Aeronáutica, 25(2), 182-188.

DOI: 10.1016/S1000-9361(11)60377-4.

[85] Schmidt, DL, Sen, B., & Bogard , DG (1996). Resfriamento de filme com furos angulares compostos: eficácia adiabática. ASME I de Turbomaquinaria, 118, 807-813.

[86] Andrews, GE, Gupta, ML, & Mkpadi , MC (1984, junho). Resfriamento discreto de parede com cobertura total: Eficácia do resfriamento. Dentro Turbo Expo: Poder para Terra, Mar e Ar (Vol. 79498, p. V004T09A018). Sociedade Americana de Engenheiros Mecânicos.

[87] Lin, Y., Song, B., Li, B., Liu, G., & Wu, Z. (2003, janeiro). Investigação da eficácia do resfriamento do filme em paredes multifuros inclinadas com cobertura total e diferentes arranjos de furos. Dentro Turbo Expo: Poder para Terra, Mar e Ar (Vol. 36886, pp. 651-660).

[88] Zhang, C., Lin, Y., Xu, Q., Liu, G. e Song, B. (2009). Eficácia de resfriamento de paredes de efusão com ângulos de furos de deflexão medidos por imagens infravermelhas. Engenharia Térmica Aplicada, 29(5–6), 966–972. https://doi.org/10.1016/j.applthermaleng.2008.05.011

[89] Yellu Kumar, KR, Qayoum , A., Saleem, S., & Qayoum , F. (2020). Resfriamento por efusão em câmaras de combustão de turbinas a gás - uma revisão abrangente. Série

de Conferências IOP: Ciência e Engenharia de Materiais, 804(1). https://doi.org/10.1088/1757-899X/804/1/012003

[90] Ligrani , PM, Wigle , JM, Ciriello , S., & Jackson, SM (1994). Resfriamento de filme a partir de furos com orientações de ângulo composto: Parte 1 - Resultados a jusante de duas fileiras escalonadas de furos com espaçamento 3D Spanwise. Jornal de Transferência de Calor, 116(2), 341–352. https://doi.org/10.1115/1.2911406

[91] Qayoum , A., Gupta, V., Panigrahi , PK, & Muralidhar, K. (2010). Perturbação de uma camada limite laminar por um jato sintético para melhoria da transferência de calor. Jornal internacional de transferência de calor e massa, 53(23-24), 5035-5057. DOI: 10.1016/j.ijheatmasstransfer.2010.07.061

[92] Qayoum , A., & Panigrahi , PK (2015). Interação do jato sintético com a aproximação da camada limite turbulenta para melhoria da transferência de calor. Engenharia de transferência de calor, 36(4), 352-367.

[93] Qayoum , A., & Panigrahi , PK (2015). Influência combinada do jato sintético e da nervura montada na superfície na transferência de calor em um canal quadrado. Jornal de Transferência de Calor, 137(12), 121004.

[94] Qayoum , A., Gupta, V., Panigrahi , PK, & Muralidhar, K. (2010). Influência da modulação de amplitude e frequência no fluxo criado por um atuador de jato sintético. Sensores e Atuadores A: Físico, 162(1), 36-50.

[95] Thole, KA, Gritsch , M., Schulz, A., & Wittig, S. (1997). Efeito de um fluxo cruzado na entrada de um furo de resfriamento de filme. J. Fluidos Eng. Setembro de 1997, 119(3): 533-540.

[96]. Pepper, DW e Heinrich, JC, (1992), O Método dos Elementos Finitos: Conceitos Básicos e Aplicações, Taylor & Francis, CRC press.

[97]. Zimmerman, W., (2006), Modelagem Multifísica com Métodos de Elementos Finitos, World Scientific Publishing Corporation.

[98] Peixe, J. (2008). Um primeiro curso em elementos finitos. In Choice Reviews Online (Vol. 45, Edição 06). https://doi.org/10.5860/choice.45-3218

[99] Argyris, JH e Kelsey, S. (1960). Teoremas de energia e análise estrutural (Vol. 60). Londres: Butterworths.

[100] TURNER, MJ, CLOUGH, RW, MARTIN, HC e TOPP, LJ (1956). Análise de Rigidez e Deflexão de Estruturas Complexas. Jornal das Ciências Aeronáuticas, 23(9), 805–823. https://doi.org/10.2514/8.3664

[101] Guia do usuário do módulo de transferência de calor Comsol .

[102]. Siddique, W., El- Gabrry , L., Shevchuk , IV, Hushmandi , NB, & Fransson , TH (2012). Estrutura de fluxo, transferência de calor e queda de pressão em canais lisos retangulares de duas passagens com proporções variáveis. Transferência de calor e massa/ Waerme - Und Stoffuebertragung , 48(5), 735–748. https://doi.org/10.1007/s00231-011-0926-1

[103]. El- Gabry , LA, & Kaminski, DA (2005). Investigação numérica do impacto do jato com fluxo cruzado - comparação dos modelos de turbulência yang-shih e padrão $k - \epsilon$. Transferência de Calor Numérica, Parte A, 47(5), 441-469.

[104] Schüler , M., Zehnder, F., Weigand, B., von Wolfersdorf , J., & Neumann, SO (2011). O efeito do giro das palhetas na perda de pressão e na transferência de calor de um canal de resfriamento interno retangular com nervuras de duas passagens. Journal of Turbomachinery, 133(2), 1–10. https://doi.org/10.1115/1.4000550

[105] Han, JC, Dutta, S., & Ekkad , S. (2012). Tecnologia de transferência de calor e resfriamento de turbinas a gás. Imprensa CRC.

[106] Gritsch , M., Schulz, A., & Wittig, S. (1998). Medições do coeficiente de transferência de calor de furos de resfriamento de filme com saídas expandidas. Na Turbo Expo: Potência para Terra, Mar e Ar (Vol. 78651, p. V004T09A004). Sociedade Americana de Engenheiros Mecânicos.

[107] El- Gabrry , LA, & Kaminski, DA (2005). Investigação numérica do impacto do jato com fluxo cruzado - comparação dos modelos de turbulência yang-shih e padrão $k - \epsilon$. Transferência de Calor Numérica, Parte A, 47(5), 441-469.

[108] Silieti , M., Divo, E., & Kassab , AJ (2004, janeiro). Investigação numérica da eficácia do resfriamento de filme adiabático e conjugado em um único furo cilíndrico de resfriamento de filme. No Congresso e Exposição Internacional de Engenharia Mecânica ASME, 47(11), 333-343.

[109] Pietrzyk , JR, Bogard , DG e Crawford, ME (1989). Medições hidrodinâmicas de jatos em fluxo cruzado para aplicações de resfriamento de filmes em turbinas a gás. Journal of Turbomachinery, 111(2), 139–145. https://doi.org/10.1115/1.3262248

[110] Kline, SJ, e McClinton, A., (1953), A descrição de incertezas em experimentos de amostra única, Mechanical Engg ., Vol. 75, pp.

Publicações em periódicos

[1] Yellu Kumar, KR, Qayoum , A., Saleem, S., & Qayoum , F. (2020). Resfriamento por efusão em câmaras de combustão de turbinas a gás - uma revisão abrangente. *Série de Conferências IOP: Ciência e Engenharia de Materiais* , *804* (1). https://doi.org/10.1088/1757-899X/804/1/012003

[2] Kumar, KRY, Qayoum , A., Saleem, S., & Mir, FQ (2022). Efeito da taxa de sopro na eficácia adiabática para resfriamento por efusão em revestimentos de combustores de turbinas a gás. *Pesquisa em Estruturas e Materiais de Engenharia* , *8* (3), 431–445. https://doi.org/10.17515/resm2022.359me1028

[3] Kumar, Y., Qayoum , A., Saleem, S., & Mir, FQ (2023). Efeito combinado da rampa a montante e do resfriamento por efusão em revestimentos de câmaras de combustão de turbinas a gás. Jornal de Engenharia Térmica, 9(2), 297–312.

DOI: 10.18186/thermal.1283203

[4] Kumar, Y., Qayoum , A., & Saleem, S. (2024). Aumento da eficácia adiabática em revestimento de câmara de combustão com resfriamento por efusão através de furos cônicos e em forma de leque. Arquivos de Termodinâmica, 45(2), 183–193.

Conferência

[1] Yellu Kumar, Adnan Qayoum , Shahid Saleem e Faisal Qayoum , Revisão do resfriamento por efusão em câmaras de combustão de motores de turbina a gás, Anais

da 7ª Conferência Internacional e 45ª Conferência Nacional sobre Mecânica dos Fluidos e Potência dos Fluidos (FMFP).

Printed by Books on Demand GmbH, Norderstedt / Germany